普通高等教育"十一五"国家级规划教材

普通高等教育"十五"国家级规划教材

电工电子基础实践教程

（上册）实验·课程设计

第 3 版

主　编　曾建唐

副主编　蓝　波　陈昌虎　周　萍　徐　清　黄晓元

主　审　张晓冬

机械工业出版社

本套教材根据当前教学改革的新形势，结合一般院校培养应用型高级技术人才和创新教育的定位，以全新的教育理念为指导，以满足基本教学需要和有较宽适应面为出发点，进行了大力度的修改，使之更加适用。本套教材编写了6部分内容，其中"（上册）实验·课程设计"包含：电工（电路）实验、电子技术（模拟、数字）实验、电子课程设计、EDA技术应用，"（下册）工程实践指导"包含：电工实习、电子实习。这是一套综合性实践教学指导教材，涵盖了电工电子技术基础课程的全部实践环节。对于强化基本训练，培养学生的实践能力和初步设计能力具有重要意义。

本套教材可作为理工类院校本科、专科及高职相关专业学生实践环节的指导教材。

本套教材是普通高等教育"十五""十一五"国家级规划教材。

本套教材配有部分教学参考资料，欢迎选用本套教材的教师索取，邮箱：Edmond Yan@ sina. com，或登录 www. cmpedu. com 注册后下载。

图书在版编目（CIP）数据

电工电子基础实践教程. 上册，实验·课程设计/曾建唐主编. —3 版. —北京：机械工业出版社，2016.8

普通高等教育"十五"国家级规划教材

ISBN 978 - 7 - 111 - 53738 - 0

Ⅰ. ①电… Ⅱ. ①曾… Ⅲ. ①电工技术 - 高等学校 - 教材②电子技术 - 高等学校 - 教材 Ⅳ. ①TM②TN

中国版本图书馆 CIP 数据核字（2016）第 099444 号

机械工业出版社（北京市百万庄大街 22 号　邮政编码 100037）
策划编辑：贡克勤　责任编辑：贡克勤　王　康
责任校对：佟瑞鑫　封面设计：张　静
责任印制：常天培
北京圣夫亚美印刷有限公司印刷
2017 年 1 月第 3 版第 1 次印刷
184mm×260mm　·13.5 印张·328 千字
标准书号：ISBN 978 - 7 - 111 - 53738 - 0
定价：29.80 元

凡购本书，如有缺页、倒页、脱页，由本社发行部调换

电话服务	网络服务
服务咨询热线：010 - 88379833	机 工 官 网：www. cmpbook. com
读者购书热线：010 - 88379649	机 工 官 博：weibo. com/cmp1952
	教育服务网：www. cmpedu. com
封面无防伪标均为盗版	金 书 网：www. golden - book. com

前　　言

在开展教育部教改课题"21世纪初一般理工科院校人才培养模式的研究与探索"以及教育部课题"大学生实践创新基地建设"的研讨过程中，为了把电工电子实践课程改革进一步深化和落到实处，由北京石油化工学院、景德镇陶瓷学院、北京建筑大学、海南师范大学、浙江万里学院等院校联合编写了《电工电子基础实践教程》。经过十余年的锤炼，本套教材第1版和第2版中提出的理念和改革思路在本版中又有了新的延伸并被赋予了新的内涵和意义。例如：在教材中将电工电子课程的全部实践教学环节进行了整合，确立了6个环节、3个层次的实践教学体系，即电工、电子实验——启迪创新意识；电工电子实习——培养工程实践能力；电子设计与创新——激发创新精神和能力。阶梯式实践环节，使学生的能力培养逐步深化。以上为一般院校提供了一种可供参考的思路和模式。在这里力图搭建一个充满活力、基础扎实的电工电子实践平台，它既是基本技能和工艺的入门向导，又是学生科技活动和启迪创新思维与能力的开端。力图营造真实的工程环境，使实践教学不断深化，符合一般院校的定位和办学指导思想，培养应用型高级技术人才，体现"实践育人"的教育理念，推动教育创新。我们提出的"在实践中学习，在学习中实践"的理念与近年来工科院校的CDIO工程教育模式完全契合。

为了使实践指导教材适应性更强，我们提出了不局限于某种特定的实验设备，在本套教材的编写中注意了通用性。这些思路受到许多兄弟院校的广泛关注，后来一大批实践教学指导教材脱颖而出，这让我们感到十分欣慰。

本版教材经过修订除原有教材的特色外还有：

1) 删除了某些落伍和过时的内容。例如电子技术实验尽量减少了分立元件的实验；电子课程设计中删除了部分学生在做了设计后不易检查设计正确性和与实际应用结合不大密切的题目和内容；电工实习中删除了电动机定子下线、变压器设计等内容；电子实习中删除了已经过时和已经找不到供货商而无法进行的实践内容。

2) 各部分都适当增加了集成电路的应用，增加了设计性实验、综合性实验。其中，对数字电子技术实验进行了大力度的改革，按照新的思路重新进行了编写，配合单元教学内容设计了比较大的综合性实验项目，既可以分开做实验，也可以合起来构成一个较大的系统。

3) 升级并更新了EDA软件。

4) 对电子课程设计题目进行了更新和精选，大部分题目可以结合设计进行电路组装调试，既可以检验设计的正确性，又可以使学生对设计有一个比较全面的理解，更加结合工程实际。

5）电工实习中安全用电方面的内容对照国家相关标准进行了修改，使训练更加标准化、规范化。

6）电子实习把大部分实习项目进行了更新，为的是能有实际产品套件配合，使教师指导更加方便，使学生在实践中更有成就感。（大部分项目都有配套的套件。）实习项目建议课内外结合，有的内容可以在课外进行。

本套教材适合一般本科院校和专科、高职院校的电类、非电类相关专业的学生使用。各实践项目可以按照不同层次选用其中不同的内容和要求。

本套教材为普通高等教育"十五""十一五"国家级规划教材。

本套教材凝聚了参编教师和主审的心血。除了主编、副主编外，参加本套教材编写的还有：金光浪、张吉月、田小平、王志秀、张晓燕、张丽萍、晏涌、周义明、刘学军、张路刚、汪杰、洪超、赵怡、张翼祥、杨亚萍、王柏华、羊大力、羊现长等。参编院校的不少实验、实习、课程设计指导老师花费大量时间为设计性实验、实习项目、课程设计项目进行了调研和预试，在此致以深切的谢意。本套教材主审北京交通大学张晓冬教授不辞劳苦认真地审阅了全书，提出许多宝贵意见和建议，在此谨致以诚挚的谢意。

由于编者水平有限，书中的错误和不妥之处在所难免，殷切希望使用本套教材的师生和其他读者给予批评指正。

编　者

目　　录

第1部分　电工（电路）实验

1.1　电工实验基本知识与基本测量

1. 实验目的

1）学习实验室规章制度和安全用电知识。

2）熟悉实验室供电情况。

3）通过对电阻、电压、电流的测量，熟悉并掌握万用表和直流稳压电源的使用方法。

4）验证 KCL、KVL。

5）验证叠加定理。

6）进一步理解电压、电流参考方向（正方向）的意义。

2. 实验器材与设备

1）主要设备：实验电路板、直流电压表、直流电流表、万用表、直流稳压电源等。

2）给出的实验电路参数：$R_1 = $ _____，$R_2 = $ _____，$R_3 = $ _____，$R_4 = $ _____，$R_5 = $ _____，$U_{S1} = $ _____，$U_{S2} = $ _____。

3. 实验原理

本实验要使用万用表对电阻、电流、电压进行测量，同时还要验证基尔霍夫定律和叠加定理。

基尔霍夫定律是电路的基本定律。对电路中的任一个节点而言，应有 $\sum I = 0$；对任何一个闭合回路而言，应有 $\sum U = 0$。

叠加定理指出：在有多个独立源共同作用下的线性电路中，通过每一个元件的电流或其两端的电压，可以看成是由每一个独立源单独作用时在该元件上所产生的电流或电压的代数和。

4. 实验内容与要求

1）验证 KCL、KVL、叠加定理的实验电路图如图 1-1 所示。

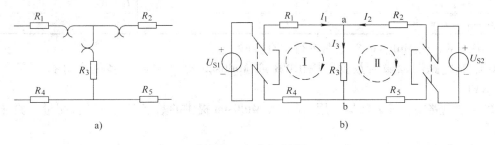

a)　　　　　　　　　　　　　　　b)

图 1-1　实验电路图

2）接线前如图 1-1a 所示，用万用表 Ω 档测量各电阻值，填入表 1-1 并与标称值对照验证。

表 1-1　电阻的测量

条　件	R_1	R_2	R_3	R_4	R_5
标称值/Ω					
测量值/Ω					
相对误差					

3）按实验电路接线，见图 1-1b。将直流稳压电源按要求调整到所需值，断电后接入电路。

4）检查电路连接无误后，通电并按实验目的要求进行各项测量与验证：

① 验证 KCL。测量各支路电流，将数据填入表 1-2 中，进行分析。

表 1-2　KCL 的验证

	I_1	I_2	I_3	结点 a：$\sum I = I_1 + I_2 - I_3$
计算值/mA				
测量值/mA				

② 验证 KVL。测量两网孔内各段电压（电阻上电压、电流均按关联参考方向），将数据填入表 1-3，进行分析。

表 1-3　KVL 的验证

回路 I	U_{R1}	U_{R3}	U_{R4}	U_{S1}	$\sum U =$
计算值/V					
测量值/V					
回路 II	U_{R5}	U_{R3}	U_{R2}	U_{S2}	$\sum U =$
计算值/V					
测量值/V					

③ 验证叠加定理。测量 U_{S1}、U_{S2} 共同作用时所选支路（例如选择 R_3 支路）的电流，再分别将 U_{S1}、U_{S2} 置零，测量各电源单独作用下时所选支路电流，将数据填入表 1-4，与计算值对照并进行分析和研究。

表 1-4　叠加定理的验证

条件	U_{S1}、U_{S2} 共同作用	U_{S1} 单独作用	U_{S2} 单独作用
计算值/mA	$I_3 =$	$I'_3 =$	$I''_3 =$
测量值/mA	$I_3 =$	$I'_3 =$	$I''_3 =$

5）用 EWB 或 Multisim 对电路进行仿真实验。

① 绘制电路图，输入数据，用 EWB 或 Multisim 提供的数字多用表进行测量，验证 KCL、KVL。

② 绘制电路图，输入数据，用 EWB 或 Multisim 提供的数字多用表进行测量，验证叠加定理。

5. 预习要求

1）复习 KCL、KVL，复习叠加定理。

2）复习有关参考方向的意义方面的内容。

3）实验前了解实验设备及各仪表型号及使用方法。

4）绘制电路图，对电路进行计算并写出实验预习报告，应包含如下内容：

① 各支路电压、电流参考方向的设定，标出实验所用电路的电阻值和电源电压值（按照给定的参数确定 R_1、R_2、R_3、R_4、R_5 及 U_{S1}、U_{S2} 值）。

② 各支路电流、电压、回路电压的计算。

③ 选取 1 条支路按叠加定理计算该支路电流。

④ 绘制实验计算表格，填写计算数据。

⑤ 绘制实验测试数据表格，备用（计算表格和测试数据表格可以合二为一，以便对照）。

⑥ 阅读本书第 4 部分"EDA 技术应用"中有关 EWB 或 Multisim 的内容，学会初步应用虚拟电子平台进行电路仿真。如果进行了仿真，则表 1-2、表 1-3、表 1-4 需要增加一行"仿真值"，以便填写仿真数据。

6. 实验注意事项

1）注意各仪表的量程和使用方法。

2）注意"方向"。

7. 实验报告要求

1）计算所测各电阻的相对误差。

2）用具体数据分析说明如何验证 KCL 和 KVL。

3）用具体数据分析说明如何验证叠加定理。

4）试打印出验证叠加定理的仿真电路图，并对仿真结果进行分析和说明。

8. 思考题

1）如何用万用表测量电阻？在线测量会产生什么问题？电路带电时测量又会产生什么问题？

2）如何把万用表所测电压或电流的数值的正负与参考方向（正方向）联系起来？

3）数字万用表最高位显示"1"（电压、电流或电阻档）表示什么意思？

4）使用万用表（指针式、数字式）和直流稳压电源应注意什么事项？

5）如何验证 KCL、KVL 和叠加定理？

6）你记住了实验规则中哪几个重要条文？你记住了电路测量中哪几个基本原则？

1.2　电压源、电流源及其等效变换

1. 实验目的

1）研究并熟悉电压源和电流源的外特性。

2）按要求设计电压源和电流源。

3）研究并掌握电压源、电流源等效变换的条件。

4）通过对电压、电流的测量，进一步熟悉并掌握万用表和直流稳压电源的使用方法。

2. 实验器材与设备

实验电路板、直流电压表、直流电流表、万用表、直流稳压电源、电流源等。

3. 实验原理

1）电源与负载功率的关系

4

图 1-2 可视为由一个电源向负载输送电能的模型，R_S 可视为电源内阻和传输线路电阻的总和，R_L 为可变负载电阻。

负载 R_L 上消耗的功率 P 可由下式表示：

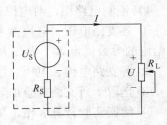

图 1-2 电源向负载输送电能的模型

$$P = I^2 R_L = \left(\frac{U}{R_S + R_L} \right)^2 R_L$$

2）负载获得最大功率的条件

根据数学求最大值的方法，令负载功率表达式中的 R_L 为自变量，P 为应变量，并使 $\dfrac{dP}{dR_L} = 0$，即可求得最大功率传输的条件：

$$\frac{dP}{dR_L} = 0 \quad 即 \frac{dP}{dR_L} = \frac{[(R_S + R_L)^2 - 2R_L(R_L + R_S)]U^2}{(R_S + R_L)^4}$$

令 $(R_L + R_S)^2 - 2R_L(R_L + R_S) = 0$，解得：$R_L = R_S$

当满足 $R_L = R_S$ 时，负载从电源获得的最大功率为

$$P_{max} = \left(\frac{U}{R_S + R_L} \right)^2 R_L = \left(\frac{U}{2R_L} \right)^2 R_L = \frac{U^2}{4R_L}$$

这时，称此电路处于"匹配"工作状态。

3）匹配电路的特点及应用

在电路处于"匹配"状态时，电源本身要消耗一半的功率。此时电源的效率只有 50%。显然，这在电力系统的能量传输过程是绝对不允许的。发电机的内阻是很小的，电路传输的最主要目的是要高效率送电，最好是 100% 的功率均传送给负载。为此负载电阻应远大于电源的内阻，即不允许运行在匹配状态。而在电子技术领域里却完全不同。一般的信号源本身功率较小，且都有较大的内阻。而负载电阻（如扬声器等）往往是较小的定值，且希望能从电源获得最大的功率输出，而电源的效率往往不予考虑。通常设法改变负载电阻，或者在信号源与负载之间加阻抗变换器（如音频功放的输出级与扬声器之间的输出变压器），使电路处于工作匹配状态，以使负载能获得最大的输出功率。

4. 实验内容与要求

1）电压源、电流源设计

① 电压源、电流源电路见图 1-3a、b。

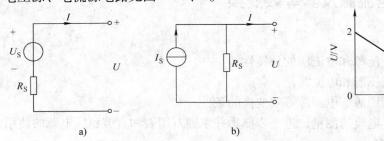

图 1-3 电压源和电流源

② 给出电源外特性曲线如图 1-3c 所示，按照外特性要求设定电压源的 U_S、R_S 和电流源的 I_S 和 R_S。

2）验证所设计电压源和电流源的外特性和等效关系

① 用电阻箱作负载 R_L，接入所设计并连接好的电压源，测量输出电压 U_L 和输出电流 I_L 并填入表 1-5 中。

② 用电阻箱作负载 R_L，接入所设计并连接好的电流源，测量输出电压 U_L 和输出电流 I_L 并填入表 1-5 中。

③ 比较两组数值，分析并说明两个电源是否等效。

④ 在平面直角坐标系中确定对应以上不同负载时的坐标，研究是否落在给定的外特性曲线上。

表 1-5   电源外特性测量

		$R_L=50\Omega$		$R_L=100\Omega$		$R_L=200\Omega$		$R_L=300\Omega$	
		U_L/V	I_L/mA	U_L/V	I_L/mA	U_L/V	I_L/mA	U_L/V	I_L/mA
电压源	计算值								
	测量值								
电流源	计算值								
	测量值								

5. 预习要求

1）复习电压源、电流源特性的有关内容。

2）了解实验设备、仪表型号及使用方法。

3）画出电压源、电流源实验电路，并要求：

① 按给定的外特性计算确定电压源电压和内电阻值。

② 按给定的外特性计算确定电流源电流和内电阻值。

4）对电压源、电流源接入不同负载分别进行计算并填入表格中。

6. 实验注意事项

1）在用恒流源供电的实验中，不要使恒流源的负载开路。

2）不准测量恒压源的短路电流 I_{SC}。（思考一下为什么？）

7. 实验报告要求

1）分析实际电压源外特性，画出曲线。

2）分析实际电流源外特性，画出曲线，与电压源的外特性曲线进行比较。

3）说明电压源、电流源等效变换的意义。

8. 思考题

1）如何用最简单的方法确定电压源和电流源的外特性？

2）电压源、电流源等效变换的条件怎样通过实验得到验证？

3）等效的电压源与电流源内电阻上损耗是否相等？

4）怎样理解理想电压源和理想电流源是最大功率源？

5）理想电压源和理想电流源是否能等效？

6）如何理解等效的概念？

1.3 受控源研究

1. 实验目的

1）研究 4 种受控源特性。

2）掌握 VCVS 的转移电压比 μ、VCCS 的转移电导 g、CCVS 的转移电阻 r 和 CCCS 的转移电流比 α 的测量方法。

3）了解实际受控源的特点及其与理想受控源的区别。

4）通过对电压、电流的测量，进一步熟悉并掌握万用表和直流稳压电源的使用方法。

2. 实验器材与设备

1）主要设备：实验电路板、直流电压表、直流电流表、万用表、直流稳压电源等。

2）给出的实验参数：$\mu = $ _____，$g = $ _____，$r = $ _____，$\alpha = $ _____。

3. 实验原理

1）电源有独立电源与非独立电源（或称为受控源）之分。受控源与独立源的不同点是：独立源的电压 U_S 或电流 I_S 是某一固的数值或时间的函数，它不随电路其余部分的状态而变。而受控源的电压或电流则是随电路中某一支路的电压或电流改变的一种电源。

2）独立源是二端器件，受控源则是四端器件，或称为双口元件。它有一对输入端（U_1 或 I_1）和一对输出端（U_2 或 I_2）。输入端可以控制输出端电压或电流的大小。施加于输入端的控制量可以是电压或电流，因而有两种受控电压源（即电压控制电压源 VCVS 和电流控制电压源 CCVS）和两种受控电流源（即电压控制电流源 VCCS 和电流控制电流源 CCCS）。它们的示意图电路如图 1-4 所示。

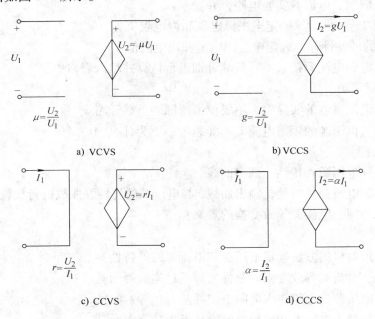

图 1-4　受控源示意图电路

4. 实验内容与要求

1）研究受控源特性

① 受控源实验电路如图 1-5 所示。

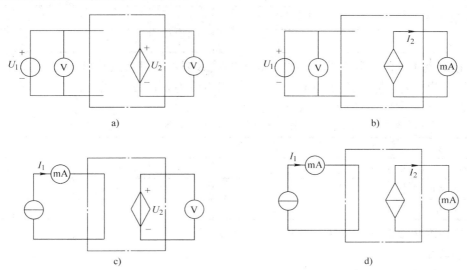

图 1-5 受控源实验电路

② 接通受控源的电源，图 1-5a 中 VCVS 的输入端可以直接接在可调稳压电源上，边调节输入电压边测量 U_1。同时测量 VCVS 对应的输出电压 U_2，计算 U_2/U_1。测试结果填入表 1-6 中，分析在 U_1 小于多少伏时 $U_2/U_1 = \mu$。

③ 接通受控源的电源，图 1-5b 中 VCCS 的输入端可以直接接在可调稳压源上，边调节输入电压边测量 U_1。同时测量 VCCS 对应的输出电流 I_2，计算 I_2/U_1。测试结果填入表 1-7 中，分析在 U_1 小于多少伏时 $I_2/U_1 = g$。

表 1-6　VCVS 的转移特性

序　号	1	2	3	4	5	6	7
输入电压 U_1/V	1.0	2.0	3.0	4.0	5.0	6.0	
输出电压 U_2/V							
计算 U_2/U_1							

表 1-7　VCCS 的转移特性

序　号	1	2	3	4	5	6	7
输入电压 U_1/V	1.0	2.0	3.0	4.0	5.0	6.0	
输出电流 I_2/mA							
计算 I_2/U_1							

④ 接通受控源的电源，图 1-5c 中 CCVS 的输入端可以直接接在可调电流源上，边调节输入电流边测量 I_1。同时测量 CCVS 对应的输出电压 U_2，计算 U_2/I_1。测试结果填入表 1-8 中，分析在 I_1 小于多少毫安时 $U_2/I_1 = r$。

表 1-8　CCVS 的转移特性

序　　号	1	2	3	4	5	6	7
输入电流 I_1/mA	1.0	3.0	5.0	7.0			
输出电压 U_2/V							
计算 U_2/I_1							

⑤ 接通受控源的电源，图 1-5d 中 CCCS 的输入端可以直接接在可调电流源上，边调节输入电流边测量 I_1。同时测量 CCCS 对应的输出电流 I_2，计算 I_2/I_1。测试结果填入表 1-9，分析在 I_1 小于多少毫安时 $I_2/I_1 = \alpha$。

表 1-9　CCCS 的转移特性

序　　号	1	2	3	4	5	6	7
输入电流 I_1/mA	1.0	3.0	5.0	7.0			
输出电流 I_2/mA							
计算 I_2/I_1							

2）用 EWB 或 Multisim 对电路进行仿真实验。

5. 预习要求

1）复习受控源的有关内容。

2）画出 4 种受控源的电路图。

3）对所用电路进行计算并列出表格。

6. 实验注意事项

1）受控源必须按要求接入直流电源才能工作。

2）受控源的输入端不能直接接到电压源上，以防电流过大，烧坏受控源或电压源。

7. 实验报告要求

1）分析 4 种受控源的转移特性。

2）说明受控源的转移特性和负载特性的意义。

3）分析并说明实际受控源与理想受控源有何区别？

8. 思考题

1）4 种受控源中 μ、g、r、α 的意义是什么？如何测得？

2）为什么实际受控源电路的转移参数只在一定范围内成立？

3）使用受控源应该注意什么？

1.4　单口网络研究

1. 实验目的

1）研究单口网络的伏安关系及等效规律。

2）学习电路的设计方法与基本实验方法。

3）验证戴维南定理。

4）了解最大功率传递条件。

5）进一步熟练掌握电工仪表的使用方法。

2. 实验器材与设备

1）主要设备：实验电路板、直流电压表、直流电流表、万用表、直流稳压电源、受控源（VCVS、VCCS）、电阻箱等。

2）实验设备中所提供的元件清单及电源参数

电阻：_____

_____。受控源：$\mu =$ _____，$g =$ _____。独立电压源 $U_{S1} =$ _____ ~

_____，$U_{S2} =$ _____ ~ _____，独立电流源 $I_S =$ _____ ~ _____。

3. 实验原理

1）任何一个线性含源网络，如果仅研究其中一条支路的电压和电流，则可将电路的其余部分看作是一个有源二端网络（或称为含源一端口网络）。

戴维南定理指出：任何一个线性有源网络，总可以用一个电压源与一个电阻的串联来等效代替，此电压源的电动势 U_S 等于这个有源二端网络的开路电压 U_{OC}，其等效内阻 R_0 等于该网络中所有独立源均置零（理想电压源视为短接，理想电流源视为开路）时的等效电阻。

2）有源二端网络等效参数的测量方法

① 开路电压、短路电流法测 R_0

在有源二端网络输出端开路时，用电压表直接测其输出端的开路电压 U_{OC}，然后再将其输出端短路，用电流表测其短路电流 I_{SC}，则等效内阻为

$$R_0 = \frac{U_{OC}}{I_{SC}}$$

如果二端网络的内阻很小，若将其输出端口短路则易损坏其内部元件，因此不宜用此法。

② 伏安法测 R_0

用电压表、电流表测出有源二端网络的外特性曲线，如图 1-6 所示。根据外特性曲线求出斜率 $\tan\varphi$，则内阻

$$R_0 = \tan\varphi = \frac{\Delta U}{\Delta I} = \frac{U_{OC}}{I_{SC}}$$

也可以先测量开路电压 U_{OC}，再测量电流为额定值 I_N 时的输出 U_N，则内阻为

$$R_0 = \frac{U_{OC} - U_N}{I_N}$$

③ 半电压法测 R_0

如图 1-7 所示，当负载电压为被测网络开路电压的一半时，负载电阻（由电阻箱的读数确定）即为被测有源二端网络的等效内阻值。

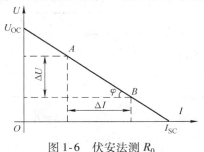

图 1-6 伏安法测 R_0

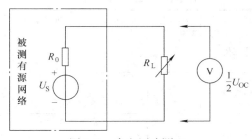

图 1-7 半电压法测 R_0

④ 直接测量法测 U_{OC}

当电压表内阻远大于网络内阻时，可直接用电压表或万用表电压档测量之。

⑤ 零示法测 U_{OC}

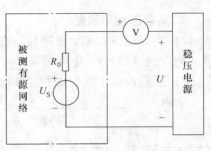

图 1-8　零示法测 U_{OC}

在测量具有高内阻有源二端网络的开路电压时，用电压表直接测量会造成较大的误差。为了消除电压表内阻的影响，往往采用零示法测量，如图 1-8 所示。

零示法测量原理是用一低内阻的稳压电源与被测有源二端网络进行比较，当稳压电源的输出电压与有源二端网络的开路电压相等时，电压表的读数将为"0"。然后将电路断开，测量此时稳压电源的输出电压，即为被测有源二端网络的开路电压。

4. 实验内容与要求

1）设计验证戴维南定理的实验电路，要求该网络：

① 至少含有 6 个或 6 个以上电阻元件，确定其电阻值（从上述元件清单中选取），其中一个作负载。

② 含有两个独立电源（电压源、电流源均可），确定其电压或电流值。

③ 含有 1 个受控源（非电专业不作要求），实验参考电路示意图如图 1-9 所示。

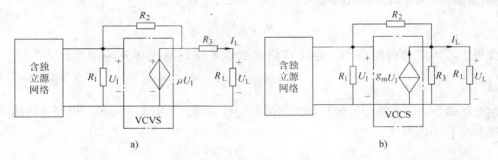

图 1-9　参考电路

④ 绘制电路图并标出参考方向。

2）按所设计的实验电路和确定的参数接线：

① 断开负载支路，测量单口网络的开路电压 U_{OC}。

② 测量该端口的短路电流 I_{SC}，计算等效内电阻 R_0，填入表 1-10 中。

③ 当负载电阻 $R_L = 200\Omega$、1000Ω 时，分别测量负载电压 U_L，填入表 1-11 中。

表 1-10　单口网络参数

	U_{OC}/V	I_{SC}/mA	R_0/Ω
计算值			
仿真值			
测量值			

表 1-11　验证戴维南定理

负载 R_L/Ω		200	1000
原单口网络 输出电压	计算值 U_L/V		
	测量值 U_L/V		
等效电压源 输出电压	计算值 U_L'/V		
	测量值 U_L'/V		

④ 验证最大功率传递定理。单口网络带（电阻箱）负载，调节电阻值，测量该对应电阻的电压 U_L，用 U_L^2/R_L 求得对应的 1 组功率 P，将数据填入表 1-12 中，画出 $P = f(R_L)$ 的曲线，分析在负载上获得最大功率的条件。

表 1-12　验证最大功率传递定理

负载 R_L/Ω	取值规律	$R_0 - 300\Omega$	$R_0 - 200\Omega$	$R_0 - 100\Omega$	$R_0 - 50\Omega$	R_0	$R_0 + 50\Omega$	$R_0 + 100\Omega$	$R_0 + 200\Omega$	$R_0 + 300\Omega$
	实际取值									
（测量）负载电压 U_L/V										
（计算）功率值 P/mW										

⑤ 验证戴维南定理。做出等效电压源，令 $U_S = U_{OC}$，$R_S = R_0$，接入原负载电阻 $R_L = 200\Omega$、1000Ω，测量对应的输出电压 U_L'，填入表 1-11 并与 3）的结果进行对照。

⑥ 对照原网络和等效电源的伏安关系，总结说明什么问题？

5. 预习要求

1）明确实验目的，预习有关戴维南定理和最大功率传递定理方面的内容。

2）了解实验设备、仪表型号及使用方法。

3）理解受控源 VCVS 的转移电压比 μ 和 VCCS 的转移电导 g 的意义。

4）事先对所设计的电路进行计算：

① 对所设计的网络进行验算，特别要注意受控源控制支路的 U_1 不要超出设备给出的限定范围。若超出，则应改变电路参数，使之合理，再进行实验。

② 将其中 1 条支路作为负载。计算单口网络的开路电压 U_{OC}、等效内电阻 R_0。

③ 列出单口网络伏安关系式，做出外特性曲线。

④ 确定等效电源参数和伏安关系，并绘出外特性曲线，两者进行比较。

⑤ 分析单口网络获得最大功率的条件，并计算所获得的最大功率 P_{Lmax}。

⑥ 绘制实验计算表格，并填写计算数据。

⑦ 绘制实验测试数据表格，备用（计算与测试数据表格可以合二为一）。

⑧ 用 EWB 或 Multisim 对所设计的电路进行仿真实验，用虚拟仪表测量单口网络的开路电压 U_{OC}、短路电流 I_{SC}，与计算值相对照。测量 U_1，以确认受控源工作是否正常。

5）电路设计必须独立完成，避免与他人雷同。

6. 实验注意事项

1）从理论上讲，受控源的控制量可以为任意值。但是，实验中用的受控源是用电子元器件组成的放大电路模拟的，有一定的工作范围。因此，受控制量与控制量之间的比值（转移控制比）只在一定范围内满足要求，即控制量被限定在一定范围内，超出此范围则比例关系（r、g、α、μ）就不存在了。因此，设计电路后要验算受控源的控制支路电压或电流（控制量）是否过大，然后了解实验室的受控源控制量范围，二者如不吻合，则应重新设计电路，否则无法完成本实验。

2）受控源的控制量为电压时，应将该支路并联接入。控制量为电流时，应将控制支路串入电路，同时注意方向。

3）要注意在同一台实验设备上受控源输入端和独立源的共地问题，避免造成接线时短路。

7. 思考题

1）测量含源单口网络的戴维南等效电阻共有 4 种方法，每种方法适用于什么条件？为什么？

2）直接测量只含独立源的单口网络的等效内电阻 R_0 时，应将含源网络中独立源置零，在实验中如何实施？

1.5　交流电路元件参数的测量

1. 实验目的

1）学习使用功率表、电压表和电流表测定交流电路元件参数的方法。

2）加强对正弦稳态电路中电压、电流相量分析的理解。

3）深入理解 R、L、C 元件在交流电路中的作用及分析方法。

4）学习自耦调压器、滑线变阻器的使用方法。

2. 实验器材与设备

实验电路板、功率表或功率因数表、交流电压表、交流电流表、万用表、自耦调压器、40W 荧光灯镇流器、电容、电阻、测电流插座板等。

3. 实验原理

通过三表法实验来测量电阻、电感和电容等参数，根据测量的数据，学会用相量法计算需要测量的参数。

4. 实验内容与要求

1）研究用三表法测量、确定镇流器的 R、L 参数的方法（这里不允许使用电阻表和电感表测量 R 或 L，实际上也是无法准确测量的）。

① 镇流器可以看成 RL 串联电路，实验中自耦调压器应用参考电路如图 1-10 所示，这里待测参数即镇流器。

② 由于荧光灯镇流器在不同工作电流下功率损耗是不同的，这里按 40W 荧光灯镇流器工作在额定状态下电压为 160V 为基准，进行测量。

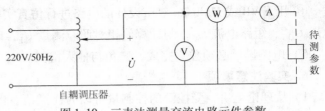

图 1-10　三表法测量交流电路元件参数

调节自耦调压器使电压表的读数为 160V，同时记录电流表、功率表读数，填入表 1-13 中，根据所测 P、U、I 分析计算 R、L 值。

表 1-13　三表法测量镇流器参数

U/V	I/mA	P/W	参数计算值		
			$\cos\varphi$	R/Ω	L/mH
160					

2）研究并设计出用测量电压确定镇流器的 R、L 参数的方法。

① 将待测参数镇流器与电阻 R' 串联，接入自耦调压器，调节电压 U，测量镇流器上电压使 $U_{R_L} = 160\text{V}$，用电压表再分别测量 R' 上电压 U'_R 和电压 U，电压表测量交流电路元件参数如图 1-11 所示。根据正弦稳态电路的相量分析法，应用所测的 3 个电压，分析并求出镇流器的 R、L 值。

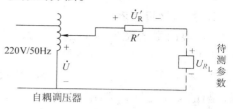

图 1-11　电压表测量交流电路元件参数

② R' 的选取。用滑线变阻器调节出一个固定电阻值（用万用表 Ω 档测量，数值可在 80～150Ω 之间选取，因为要保证 $U_{R_L} = 160\text{V}$，所以 R' 取值越大，U 自然调得也要高一些）。

③ 将所测量的数据填入表 1-14 中，计算结果与表 1-13 相对照。

表 1-14　测量电压法分析镇流器参数

U/V	U'_R/V	U_{R_L}/V	参数计算值	
			R/Ω	L/mH
		160		

3）电抗性质判定。如果某阻抗需要判知是感性还是容性，但又没有功率因数表，可以用与被测阻抗并联小电容的办法来判别电抗性质。这里取 $C = 1\mu\text{F}$，耐压 450V，与被测参数并联后总电流变小，则可知该被测参数是感性；若与被测参数并联后总电流变大，则可知该被测参数是容性。

4）研究用三表法测量、确定电容器参数的方法。图 1-10 中待测参数改为电容，已知 $C = 4.3\mu\text{F}$，耐压 450V，测量内容同上，把表 1-13 中 L 改为 C，进行测量验证电容的参数（这里不允许使用电容表测 C）。

5）研究并设计出用测量电压确定电容器参数的方法。图 1-10 中待测参数改为电容，已知 $C = 4.3\mu\text{F}$，耐压 450V，测量 3 个电压，把表 1-14 中 L 改为 C，进行测量验证电容的参数。

5. 预习要求

1）复习正弦交流电路中 RL 串联、RC 串联的简单二端网络的伏安特性及功率的计算，熟练掌握阻抗三角形、电压三角形并应用相量图分析各物理量之间的关系，熟记有关计算公式。

2）拟出实验表格，应有测量值、计算值等栏目。

6. 实验注意事项

1）把实验用元件电阻 R 和电容 C 看成单一参数元件。电阻 R 除选阻值外，还要确定合适的功率。电容器除了容量外，还应确定耐压。

2）功率表的电流线圈应串入电路，电压线圈应并联接入电路，两线圈带·号的端钮应该连在一起。

3）电流表和功率表电流线圈要选择合适的量程，严禁超量程。为测量方便，应使用测电流插头和插座板。

4）自耦调压器一次侧、二次侧不能接反。通电前，调压器的手轮应调到零位，通电后逐渐升压，要注意电流表指示值，不要超过调压器和负载允许通过的电流。

5）严禁带电拆、改接线，注意安全。

7. 实验报告要求

1）根据测试数据结合相量分析，计算 R、L、C 值，填入表格，并列公式进行分析。画出相量图。

2）问题研究：现有一个空心电感线圈，试设计采用交直流法（通过测量直流电压、电流，测量交流电压、电流）分析线圈的电阻 R 和电感 L 的方法。

3）总结心得体会和收获。

8. 思考题

1）如何确定所用电阻元件的额定功率？若不考虑功率会怎样？

2）镇流器为什么不是纯电感而是等效成 RL 串联？

3）电路中有效值 U_C、U_R 与 U 的关系怎样？画出相量图分析并说明。

4）为什么实际电路元件中，一般情况下电阻、电容比较接近单一参数，而电感线圈却不能？在什么条件下电感线圈比较接近单一参数？

5）使用自耦调压器应当注意什么？

1.6 *RLC* 串联电路的频率特性——谐振

1. 实验目的

1）通过对 *RLC* 串联电路频率特性的测量与分析，加深对频率特性曲线的理解。

2）进一步理解串联谐振的特点及改变频率特性的方法。

3）深入理解 R、L、C 元件在交流电路中的作用及分析方法，加强对正弦稳态电路中电压、电流相量分析的理解。

4）学习使用毫伏表和函数发生器。

2. 实验器材与设备

1）主要设备：实验电路板、毫伏表、函数发生器等。

2）实验设备中提供的元件清单：

$L =$ _____ mH, $C_1 =$ _____ μF, $C_2 =$ _____ μF, $R_1 =$ _____ Ω, $R_2 =$ _____ Ω。

3. 实验原理

利用 R、L 和 C 串联谐振电路的特点测量谐振频率时对应的电流、电压等参数。再分别测量谐振频率左右两侧不同频率时对应的电流、电压等参数。

4. 实验内容与要求

1）实验电路如图 1-12 所示。

2）按实验电路接线并测量各数据。

① 操作顺序是：调节函数发生器（正弦波）频率为某值→检测并调节输出电压，使有效值 U_S 保持为定值 1V→测量电阻上电压 U_R……。当 U_R 最大，且 U_L 略大于 U_C 时即为谐振频率点。要随时记下每一步的测试数据。

完成以上实验内容后，研究并实现以下实验内容：

② 将 C 增大 1 倍（并联 1 个相同容量的电容），L、R 不变，测量 *RLC* 串联电路的频率

特性。测量谐振时 U_L 与 U_C 值。

③ 将 R 增大 1 倍（串联 1 个相同阻值的电阻），L、C 数值同①，测量 RLC 串联电路的频率特性。测量谐振时 U_L 与 U_C 值。

④ R 数值同③，L、C 数值同②，测量 RLC 串联电路的频率特性。测量谐振时 U_L 与 U_C 值。

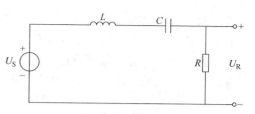

图 1-12　RLC 串联频率特性测试实验电路图

以上 4 个步骤的数据分别填入表 1-15 所示的 4 个表格中。其中电流 I 可根据 U_R/R 求出。

⑤ 绘出 4 条频率特性曲线（画在同一坐标系中以便比较），分析说明品质因数有无改变？谐振频率有无变化？

表 1-15　**RLC 串联电路的频率特性**（电路参数：$U_S = 1V$, $L = $ 　mH, $C = $ 　μF, $R = $ 　Ω）

频率/kHz	取值规律	$f_0 - $ 4kHz	$f_0 - $ 2kHz	$f_0 - $ 1kHz	$f_0 - $ 0.5kHz	$f_0 - $ 0.2kHz	f_0	$f_0 + $ 0.2kHz	$f_0 + $ 0.5kHz	$f_0 + $ 1kHz	$f_0 + $ 2kHz	$f_0 + $ 4kHz
	实际取值											
U_R/V	计算值											
	测量值											
I/mA												
谐振时			$U_L = $ 　V,		$U_C = $ 　V,			$U_R = $ 　V,		$I_0 = $ 　mA		

3）应用 EWB 或 Multisim 进行仿真实验。

5. 预习要求

1）复习正弦交流电路中 RLC 串联电路频率特性的有关内容。

2）提前了解实验设备、仪表型号及使用方法。

3）按照实验室给定的 L、C_1、C_2 参数值，计算谐振频率值 f_{01}、f_{02}。

4）绘制 4 种情况下的测试数据表格。

6. 实验注意事项

1）每改变一次信号频率，均需调节一次 U_S，使之始终保持定值。

2）在谐振点附近选择的测量点要密集一些。

3）毫伏表在使用前要先通电调零，要注意量程。

4）函数发生器输出端不准短路。

7. 实验报告要求

1）根据测试数据画出 4 条频率特性曲线，并进行比较和分析说明问题。

2）总结心得体会和收获。

8. 思考题

1）在实验中如何判断该电路发生了谐振？为什么？

2）如何利用测量数值求得品质因数 Q？

3）L、C 不变，而改变 R 所得两曲线不同，说明什么问题？

4）改变 R 是否影响谐振频率？改变 C 是否影响谐振频率？

5）*RLC* 串联电路在 $f<f_0$ 或 $f>f_0$ 时各呈现什么性质？如何通过实验测量数据说明？

6）为什么每改变一次频率，会使函数发生器输出电压发生变化？你发现了什么规律？

7）为什么信号源频率调整后，均要调整 U_S 使之保持在某一固定值？

8）为什么实验中谐振时 U_L 略大于 U_C，而不是相等？

1.7 *RC* 选频网络的研究

1. 实验目的

1）研究 *RC* 选频网络的选频特性。

2）学会用交流毫伏表和示波器测定以上两种电路的幅频特性和相频特性。

2. 实验器材与设备

示波器、信号发生器、实验板、电阻器、电容器等。

3. 实验原理

1）文氏桥电路

文氏桥电路是一个 *RC* 的串、并联电路，如图 1-13 所示。该电路结构简单，被广泛地用于低频振荡电路中作为选频环节，可以获得很高纯度的正弦波电压。

文氏桥电路的一个特点是其输出电压幅度不仅会随输入信号的频率而变，而且还会出现一个与输入电压同相位的最大值。

由电路分析得知，该网络的传递函数为

$$\beta = \frac{1}{3 + \mathrm{j}\left(\omega RC - \dfrac{1}{\omega RC}\right)}$$

当角频率 $\omega = \omega_0 = \dfrac{1}{RC}$ 时，$|\beta| = \dfrac{U_o}{U_i} = \dfrac{1}{3}$，此时 u_o 与 u_i 同相。可见 *RC* 串、并联电路具有带通特性。

2）将上述电路的输入和输出分别接到双踪示波器的 Y_A 和 Y_B 两个输入端，改变输入正弦信号的频率，观测相应的输入和输出波形间的时延 τ 及信号的周期 T，则两波形间的相位差为

$$\varphi = \frac{\tau}{T} \times 360° = \varphi_o - \varphi_i \quad （输出相位与输入相位之差）$$

将各个不同频率下的相位差 φ 画在以 f 为横轴，φ 为纵轴的坐标纸上，用光滑的曲线将这些点连接起来，即是被测电路的相频特性曲线。

由电路分析理论得知，当 $\omega = \omega_0 = \dfrac{1}{RC}$，即 $f = f_0 = \dfrac{1}{2\pi RC}$ 时，$\varphi = 0$，即 u_o 与 u_i 同相位。

3）*RC* 双 T 电路

RC 双 T 电路如图 1-14 所示。

由电路分析可知：双 T 网络零输出的条件为

$$\frac{1}{R_1} + \frac{1}{R_2} = \frac{1}{R_3}, \quad C_1 + C_2 = C_3$$

若选 $R_1 = R_2 = R$，$C_1 = C_2 = C$

则 $R_3 = \dfrac{R}{2}$，$C_3 = 2C$

该双 T 电路的频率特性为（令 $\omega_0 = \dfrac{1}{RC}$）

$$F(\omega) = \frac{\dfrac{1}{2}\left(R + \dfrac{1}{\mathrm{j}\omega C}\right)}{\dfrac{2R(1 + \mathrm{j}\omega RC)}{1 - \omega^2 R^2 C^2} + \dfrac{1}{2}\left(R + \dfrac{1}{\mathrm{j}\omega C}\right)} = \frac{1 - \left(\dfrac{\omega}{\omega_0}\right)^2}{1 - \left(\dfrac{\omega}{\omega_0}\right)^2 + \mathrm{j}4\dfrac{\omega}{\omega_0}}$$

当 $\omega = \omega_0 = \dfrac{1}{RC}$ 时，输出辐值等于 0，相频特性呈现 $\pm 90°$ 的突跳。

参照文氏桥电路的做法，也可画出双 T 电路的幅频和相频特性曲线，双 T 电路具有带阻特性。

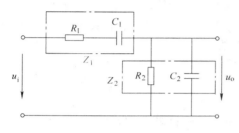

图 1-13 RC 串、并联电路

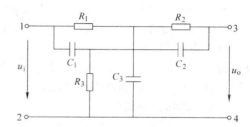

图 1-14 双 T 选频电路

4. 实验内容与步骤

1）测量 RC 串、并联电路的幅频特性。

① 利用阻容元件按图 1-13 连接线路。取 $R_1 = R_2 = 1\mathrm{k}\Omega$，$C_1 = C_2 = 0.1\mu\mathrm{F}$。

② 调节信号源输出电压为 3V 的正弦信号，接入图 1-13 的输入端。

③ 改变信号源的频率 f（由频率计测量），并保持 $u_\mathrm{i} = 3\mathrm{V}$ 不变，测量输出电压 u_o（可先测量 $\beta = 1/3$ 时的频率 f_0，然后再在 f_0 左右设置其他频率点测量），将数据填入表 1-16 中。

④ 取 $R_1 = R_2 = 200\Omega$，$C_1 = C_2 = 2.2\mu\mathrm{F}$，重复上述测量。

表 1-16 RC 串、并联电路的幅频特性

$R_1 = R_2 = 1\mathrm{k}\Omega$，$C_1 = C_2 = 0.1\mu\mathrm{F}$		$R_1 = R_2 = 200\Omega$，$C_1 = C_2 = 2.2\mu\mathrm{F}$	
f/Hz	u_o/V	f/Hz	u_o/V

2）测量 RC 串、并联电路的相频特性

将图 1-13 的输入 u_i 和输出 u_o 分别接至双踪示波器的 Y_A 和 Y_B 两个输入端，改变输入正弦信号的频率，观测不同频率点时，相应的输入与输出波形间的时延 τ 及信号的周期 T。两波形间的相位差为：$\varphi = \varphi_\mathrm{o} - \varphi_\mathrm{i} = \dfrac{\tau}{T} \times 360°$。

3）测量 RC 双 T 电路的幅频特性

① 利用阻容元件按图 1-14 连接线路。取 $R_1 = R_2 = R_3 = 1\mathrm{k}\Omega$，$C_1 = C_2 = C_3 = 0.1\mu\mathrm{F}$。

② 调节信号源输出电压为 3V 的正弦信号，接入图 1-14 的输入端。

③ 改变信号源的频率 f（由频率计测量），并保持 $u_i = 3V$ 不变，测量输出电压 u_o。（可先测量 $\beta = 1/3$ 时的频率 f_0，然后再在 f_0 左右设置其他频率点测量），将数据填入表 1-17 中。

④ 取 $R_1 = R_2 = R_3 = 200\Omega$，$C_1 = C_2 = C_3 = 2.2\mu F$，重复上述测量。

4）测量 RC 双 T 电路的相频特性（同步骤 2）。

表 1-17　RC 双 T 电路的幅频特性

$R_1 = R_2 = R_3 = 1k\Omega$, $C_1 = C_2 = C_3 = 0.1\mu F$				$R_1 = R_2 = R_3 = 200\Omega$, $C_1 = C_2 = C_3 = 2.2\mu F$			
f/Hz	T/ms	τ/ms	φ	f/Hz	T/ms	τ/ms	φ

5. 预习要求

1）计算 RC 选频网络的传递函数 $H(j\omega)$。

2）计算中心频率 f_0（或 ω_0）及 $H(\omega_0)$、$\varphi(\omega_0)$ 的值。

3）计算 $|H(j\omega)|/|H(\omega_0)|$ 的值为 0.707、1/2、1/3、1/5、1/10 时所对应的各频率点（共 10 个点），并画出选频网络的幅频特性曲线。

4）设计并列出实验计算表格，填写计算数据。

5）设计并列出实验测试表格备用。

6. 实验基础知识与说明

1）信号发生器输出幅度的调整信号发生器由于受到自身频率响应特性和输出内阻的影响，当输出频率改变时，它的输出幅度也会发生变化，因此在测量时，应在每次改变频率后，调整输出幅度，使得信号发生器在整个测量频率范围内，输出幅度保持一致。

2）采用双踪示波器测量说明

① 示波器的两个输入通道分别接在网络的输入端和输出端。

② 用示波器监视并测量信号发生器的输出幅度（网络的输入端），在整个测量频率范围，应保持该通道显示的峰峰值不变。

③ 用 RC 网络输出信号的相位或幅度特点，测量 RC 网络的中心频率。当输入信号频率等于网络的中心频率时，网络的输出信号与输入信号同相，且输出幅度达到最大值。因此，在扫描状态下，示波器显示网络输出幅度为最大时的输入频率即网络的中心频率，或在输入输出置 X－Y 工作状态下，示波器显示一条斜线时（此时输入输出同相）的输入频率即网络的中心频率。

④ 适当调节垂直灵敏度和扫描速率，可测量出在不同频率下所对应的网络输出端的幅值和输入输出的相位差，并可观察到输入频率变化时输出相位的变化情况。

7. 思考题

1）当输入频率从零到无穷大变化时，输出的相位如何变化？

2）当 R_1 与 R_2、C_1 与 C_2 不相等时，写出 f_0 的表达式和 $H(\omega_0)$ 的表达式。

3）试分析测量结果与计算值之间的误差产生原因。

1.8　荧光灯电路及功率因数的提高

1. 实验目的

1）了解荧光灯电路的组成、工作原理和电路的连接。

2）熟悉正弦交流电路的主要特点：

① 掌握交流串联电路中总电压与各部分电压的关系。

② 掌握交流并联电路中总电流与支路电流的关系。

③ 了解感性负载电路提高功率因数的方法。

④ 学习正确使用交流电流表、交流电压表和功率表。

2. 实验器材与设备

1）主要设备：交流电流表、电压表和功率表等。

2）给出的设备和元件参数：_____ W 荧光灯 1 套，电容器 _____ μF，_____ μF，_____ μF，_____ μF，_____ μF，耐压 _____ V。

3. 实验原理

荧光灯电路由于有镇流器，它是一个带铁心的线圈因此呈现的是感性，功率因数较低。采用并联电容的办法提高电路的功率因数，在一定范围内随着并联电容容量的增大，u、i 的相位差逐渐变小，功率因数得到提高，电路的总电流减小。而容量增大到一定程度后，出现过补偿，使得功率因数又会下降。

4. 实验内容与要求

1）实验电路见图 1-15。把荧光灯管看成电阻，把镇流器看成感性元件。

2）连接实验电路，进行测试，记录数据：

① 首先点亮荧光灯，测试电源电压 U，灯管电压 U_R、镇流器电压 U_L、电流 I 及功率 P，计算功率因数。

测量电压使用万用表交流电压挡；测量电流时把交流电流表连上测电流插头，分别插入对应的测电流插座，以保证方便和安全；测量功率时把功率表电流线圈串联到总路测电流 I 插座后，电压线圈并联到电源两端。

② 并联不同的电容（1～5μF），再分别测试各电压及总电流 I、电容电流 I_C、灯管电流 I_L 及功率 P，并计算功率因数，数据填入表 1-18 中。

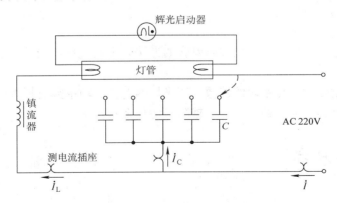

图 1-15　荧光灯实验电路

5. 预习要求

1）了解荧光灯电路实验装置的结构及工作原理。

2）画出荧光灯电路的实验电路图（画出功率表、电压表、电流表的连接方法）。

表 1-18　荧光灯实验数据

并联电容 /μF	测量值 $U = $_____ V，$U_R = $_____ V，$U_L = $_____ V				计算值
	I/mA	I_C/mA	I_L/mA	P/W	$\cos\varphi$
$C = 0$					
$C = $					
$C = $					
$C = $					
$C = $					
$C = $					

3）绘出测量数据的表格。

4）了解功率表的使用方法。

6. 实验注意事项

1）荧光灯启动电流较大，启动时要注意电流表的量程，以防损坏电流表。

2）不能将 220V 的交流电源不经过镇流器而直接接在灯管两端，否则将损坏灯管。

3）在拆除实验电路时，应先切断电源，稍后将电容器放电，然后再拆除。

4）线路接好后，必须经教师检查允许后方可接通电源，在操作过程中要注意人身及设备安全。

7. 实验报告要求

1）画出实验电路图并简述其工作原理。

2）将所测得的实验数据和计算数据填写在所设计的表格内。

3）根据所得数据，按比例画出电源电压和荧光灯支路电流 I_R、电容支路电流 I_C、总电流 I 的相量图。

4）回答思考题。

8. 思考题

1）为什么在感性电路中，常用并联电容的方法来提高电路的功率因数而不用串联电容的方法？

2）当电容量改变时，功率表的读数、荧光灯的电流、功率因数是否改变？为什么？

3）是否并联电容越大，功率因数就越高？为什么？

1.9　三相电路研究

1. 实验目的

1）掌握三相负载的丫、△联结。

2）验证三相对称负载作丫联结时线电压和相电压的关系，△联结时线电流和相电流的关系。

3）了解不对称负载作丫联结时中性线的作用。

4）观察不对称负载作△联结时的工作情况。

2. 实验器材与设备

三相电源、实验电路板（三相负载）、交流电压表、交流电流表、测电流插座板等。

3. 实验原理

1）当三相对称负载作Y形联结时，线电压 U_l 是相电压 U_p 的 $\sqrt{3}$ 倍。线电流 I_l 等于相电流 I_p，即

$$U_l = \sqrt{3}U_p, \quad I_l = I_p$$

在这种情况下，流过中性线的电流 $I_0 = 0$，所以可以省去中性线。

当对称三相负载作△形联结时，有 $I_l = \sqrt{3}I_p$，$U_l = U_p$。

2）不对称三相负载作Y联结时，必须采用三相四线制接法，即 Y_0 接法。而且中性线必须牢固连接，以保证三相不对称负载的每相电压维持对称不变。如果中性线断开，会导致三相负载电压的不对称，致使负载轻的那一相的相电压过高，使负载遭受损坏；负载重的一相相电压又过低，使负载不能正常工作。尤其是对于三相照明负载，无条件地一律采用 Y_0 接法。

4. 实验内容与要求

1）三相负载作Y联结时的电路（对称时每相两个灯泡并联，不对称时 C 相只有 1 个灯泡）如图 1-16 所示。

2）按实验电路接线并测量各数据并填入表 1-19 中。

① 对称负载（有中性线）时，测量各线电压、相电压及线电流、相电流，测量中性线电流。

② 对称负载（无中性线）时，测量各线电压、相电压及线、相电流。

③ 不对称负载（有中性线）时，测量各线电压、相电压及线、相电流，测量中性线电流。

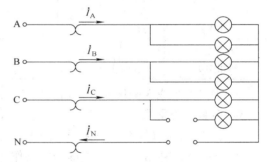

图 1-16　三相负载作Y联结时的实验电路

④ 不对称负载（无中性线）时，测量各线电压、相电压及线、相电流。

表 1-19　负载作Y联结

负载	中性线		线电压/V			相电压/V			相（线）电流/A			中性线电流/A
			U_{AB}	U_{BC}	U_{CA}	U_A	U_B	U_C	I_A	I_B	I_C	I_N
对称	有	计算值										
		测量值										
	无	计算值										
		测量值										
不对称	有	计算值										
		测量值										
	无	计算值										
		测量值										

3）三相负载作△联结时的电路图（对称时每相两个灯泡，不对称时 C 相只有 1 个灯

泡）如图 1-17 所示。

4）按实验电路接线并测量各数据并填入表 1-20 中：

① 对称负载时，测量各线电流、相电流。

② 不对称负载时，测量各线电流、相电流。

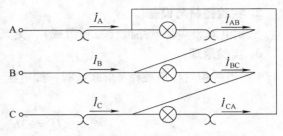

图 1-17 三相负载作△联结时的实验电路

5. 预习要求

1）复习三相电路有关内容。

2）了解实验室三相电源、实验设备、仪表型号及使用方法。

表 1-20 负载作△联结

负 载		（线）相电压/V			线电流/A			相电流/A		
		U_{AB}	U_{BC}	U_{CA}	I_A	I_B	I_C	I_{AB}	I_{BC}	I_{CA}
负载对称 每相2灯	计算值									
	测量值									
A 线断开 每相2灯	计算值									
	测量值									
AB 相断开 每相2灯	计算值									
	测量值									

3）用 EWB 或 Multisim 进行仿真实验（在电路中用 1kΩ 电阻代替灯泡）。

6. 实验注意事项

1）接线后认真检查线路无误再通电，注意安全。

2）改接线路要先断电，不准带电操作。

3）认真记下每个测电流插座的编号，记录数据对号入座，以免得出错误结论。注意测电流插头和插座的使用方法。

4）负载丫联结时所测相电压是指每相负载电压，而不是电源相电压。

5）注意仪表的量程和使用方法。

6）注意每相负载的额定电压值和与电源的适配。

7. 实验报告要求

1）根据测试数据分析三相对称负载的线、相电压以及线、相电流的关系和规律。

2）总结心得体会和收获。

8. 思考题

1）在三相四线制供电系统中，中性线的作用是什么？负载在什么情况下可以不接中性线，什么情况下必须接中性线？

2）在三相四线制供电系统中，当负载的额定电压与电源相电压相同时，负载应接成_____形，当负载的额定电压与电源线电压相同时，应接成_____形。

3）三组相同的灯泡负载丫联结有中性线时，中性线电流_____（有/无），若去掉中性线，对灯泡亮度（有/无）影响。

4）三相不对称灯泡负载丫联结有中性线时，三相线电流_____（相等/不相等），中性线电流_____（有/无）。若去掉中性线，则对三相灯泡亮度_____（有/无）影响。_____（相电压大的/相电流大的）一相变得更亮。

5）三相对称灯泡负载作△联结，如果 CA 相负载断开，则 AB 相灯的亮度_____（正常/不正常），BC 相灯的亮度_____，线电流发生变化的是_____相，其大小为正常值的_____。

6）三相对称灯泡负载作△联结，如果 C 相电源线断开，则 AB 相灯泡亮度_____（不变/变亮/变暗），BC 相灯泡亮度_____，CA 相灯泡亮度_____，线电流 I_A 是正常值的_____，线电流 I_B 是正常值的。

1.10　三相电路功率的测量

1. 实验目的

1）学习用一功率表法和二功率表法测量三相电路的有功功率。

2）进一步熟练掌握功率表的接线和使用方法。

2. 实验器材与设备

实验板、功率表、三相电阻性负载板（灯泡板）等。

3. 实验原理

1）对于三相四线制供电的三相丫联结的负载（即丫$_0$接法），可用一只功率表测量各相的有功功率 P_A、P_B、P_C，则三相负载的总有功功率 $\sum P = P_A + P_B + P_C$。这就是一功率表法，如图 1-18a 所示。若三相负载是对称的，则只需测量一相的功率，再乘以 3 即得三相总的有功功率。

2）三相三线制供电系统中，不论三相负载是否对称，也不论负载是丫联结还是△联结，都可用二功率表法测量三相负载的总有功功率。测量电路如图 1-18b 所示。若负载为感性或容性，且当相位差 $\varphi > 60°$ 时，线路中的一只功率表指针将反偏（数字式功率表将出现负读数），这时应将功率表电流线圈的两个端子调换（不能调换电压线圈端子），其读数应记为负值。而三相总功率 $\sum P = P_1 + P_2$（P_1、P_2 本身不含实际意义）。

4. 实验内容与步骤

1）用一功率表法测定三相功率。对称丫$_0$联结以及不对称丫$_0$联结三相负载的总功率的测量均可按图 1-18a 电路接线。电路中可以用电流表和电压表监视该相的电流和电压，不要

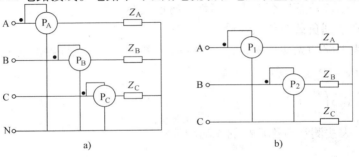

图 1-18　一功率表法和二功率表法测量三相电路的有功功率

超过功率表电压和电流的量程。经指导教师检查后，接通三相电源，调节调压器输出，使输出线电压为 220V，按表 1-21 的要求进行测量及计算。

表 1-21　一功率表法测量三相电路的有功功率

负载情况	接灯盏数			测量数据			计算值
	A 相	B 相	C 相	P_A/W	P_B/W	P_C/W	$\sum P$/W
$\curlyvee_0$ 联结对称负载	3	3	3				
$\curlyvee_0$ 联结不对称负载	1	2	3				

首先将功率表按图 1-18a 接入 A 相进行测量，然后再换接到 B 相和 C 相进行测量。验证当三相负载对称时，只需测量一相功率，将数值乘以 3，即可得到总功率。当负载不对称时，将测得的三相功率相加即可得到总功率。

2）用二功率表法测定三相负载的总功率。按图 1-18b 接线，将三相灯组负载作丫联结，接入功率表。

经指导教师检查后，接通三相电源，调节调压器的输出线电压为 220V，按表 1-22 的内容进行测量。

验证三相功率总和 $\sum P = P_1 + P_2$，而 P_1、P_2 本身不含实际意义。

3）将三相灯组负载改成△联结法，重复 2）的测量步骤，数据填入表 1-22 中。

表 1-22　二功率表法测量三相电路的有功功率

负载情况	接灯盏数			测量数据		计算值
	A 相	B 相	C 相	P_1/W	P_2/W	$\sum P$/W
丫接对称负载	3	3	3			
丫接不对称负载	1	2	3			
△接对称负载	3	3	3			
△接不对称负载	1	2	3			

5. 预习要求

1）明确实验目的，预习三相电路功率的基本概念和功率测量的有关知识。

2）绘制电路图，并对所用负载分别进行功率计算。

3）写出实验预习报告，列出实验测试表格备用。

6. 思考题

如图 1-18b 所示测量电路，设 Z_A、Z_B、Z_C 相等，电源相序为 A—B—C。试回答：

1）$P_1 = P_2$，则负载是什么性质（阻性、感性或容性）？

2）若 $P_1 > P_2$，则负载是什么性质？

3）设 Q 代表电路的无功功率，φ 为负载的功率因数角，试推导下列关系式：

① $Q = \sqrt{3}(P_1 - P_2)$

② $\varphi = \arctan \sqrt{3}\left(\dfrac{P_1 - P_2}{P_1 + P_2}\right)$

4）如何用一表法测量对称负载的无功功率？

1.11 非正弦周期信号的分解与合成

1. 实验目的
1) 用同时分析法观测非正弦信号的分解及信号的频谱以验证傅里叶级数。
2) 观测基波和其谐波的合成。

2. 实验器材与设备
双踪示波器、函数信号发生器、实验电路板（或箱）等。

3. 实验原理
设 $f(t)$ 为任意周期函数，其周期为 T，角频率 $\omega_1 = 2\pi f = 2\pi/T$。若 $f(t)$ 满足下列狄里赫利条件：

1) 在一个周期内连续或只有有限个第一类间断点。

2) 在一个周期内只有有限个极大值或极小值，则 $f(t)$ 可以展开成傅里叶级数，即

$$f(t) = \frac{a_0}{2} + a_1\cos\omega_1 t + a_2\cos2\omega_1 t + \cdots + b_1\sin\omega_1 t + b_2\sin2\omega_1 t + \cdots$$

$$= \frac{a_0}{2} + \sum_{k=1}^{\infty}(a_k\cos k\omega_1 t + b_k\sin k\omega_1 t) \tag{1-1}$$

式中，a_0、a_k、b_k 称傅里叶系数，可由下式求得

$$a_0 = \frac{2}{T}\int_{-\frac{T}{2}}^{\frac{T}{2}}f(t)\mathrm{d}t, \ a_k = \frac{2}{T}\int_{-\frac{T}{2}}^{\frac{T}{2}}f(t)\cos k\omega_1 t\mathrm{d}t, \ b_k = \frac{2}{T}\int_{-\frac{T}{2}}^{\frac{T}{2}}f(t)\sin k\omega_1 t\mathrm{d}t$$

如把式(1-1)中的同频率正弦项和余弦项合并，可得

$$f(t) = \frac{A_0}{2} + \sum_{k=1}^{\infty}A_k\sin(k\omega_1 t + \varphi_k) \tag{1-2}$$

不难得出式(1-1)和式(1-2)间有下列关系：

$$A_0 = a_0, \ A_k = \sqrt{a_k^2 + b_k^2}, \ \varphi_k = \arctan\frac{a_k}{b_k}$$

和

$$a_k = A_k\sin\varphi_k, \ b_k = A_k\cos\varphi_k$$

在电工技术中所遇到的周期信号，通常都能满足狄里赫利条件，于是从式（1-2）可知，一个非正弦周期信号可以看成是各次谐波之和，即可以看成是由各种不同频率、幅度和初相的正弦波叠加而成的。其傅里叶级数为

$$f(t) = \frac{4U_m}{\pi}\left(\sin\omega_1 t + \frac{1}{3}\sin3\omega_1 t + \frac{1}{5}\sin5\omega_1 t + \frac{1}{7}\sin7\omega_1 t + \cdots + \frac{1}{k}\sin k\omega_1 t + \cdots\right)$$

$$(k = 1,3,5,7,\cdots)$$

实验中可以通过一个选频网络将图 1-19 所示的矩形波信号中所包含的某一频率成分提取出来。图 1-20 就是一个适用于不含直流分量波形的最简单的选频网络，是一个 LC 谐振回路，将被测的不含直流分量的非正弦周期信号加到分别调谐于其基波和各次谐波频率的一系列并联谐振回路串联而成的电路上。从每一谐振回路两端可以用示波器观察到相应频率的正弦波，若有一个谐振回路既不谐振于基波又不谐振于谐波，则观察不到波形。若实验所用的被测信号是频率为 f 的不含直流分量的非正弦周期信号，则由傅里叶级数展开式可知，L_1C_1

应谐振于 f；L_2C_2 应谐振于 $2f$；L_3C_3 应谐振于 $3f$；L_4C_4 应谐振于 $4f$；L_5C_5 应谐振于 $5f$……，这样就能从各谐振回路两端观察到基波和各次谐波。不难看出，上述电路也能观察各次谐波迭加后的波形，如在 ac 两点间就能观测到基波和 2 次谐波迭加后的波形；在 ad 两点间就能观测到基波、2 次谐波和 3 次谐波迭加后的波

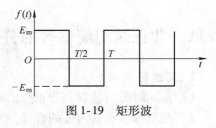

图 1-19　矩形波

形；bd 两端就能观测到 2 次谐波和 3 次谐波迭加后的波形，如此等等，不一一详述。

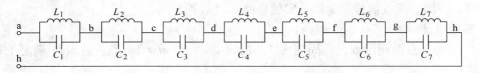

图 1-20　矩形波信号的分解与合成参考图之一

　　除采用图 1-20 来完成矩形波、三角波等不含直流分量的信号的分解与合成实验外，也可采用把周期性非正弦信号（不论它是否含直流分量）经过可分解出直流分量的低通滤波器 LPF 以及选通频率不同的带通滤波器 BPF 得到该信号的直流分量和各次谐波，再把所得的各次谐波送加法器观测相加后的波形的方式来完成非正弦周期信号的分解与合成实验。整体的实验原理参考框图如图 1-21 所示，图中 LPF 为低通滤波器，用来分解出非正弦周期函数的直流分量，BPF1～BPF7 为调谐在基波和各次谐波上的带通滤波器，加法器用于信号的合成。原理参考框图中的低通滤波器及带通滤波器的参考图分别如图 1-22a、b 所示（图中元器件的数值可根据选通的频率参照有源滤波器设计的相关内容加以确定，在此不详述其原理）。

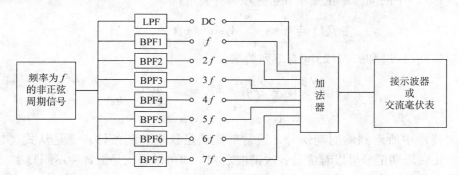

图 1-21　非正弦周期信号的合成与分解参考图之二

4. 实验内容与步骤

采用图 1-20 进行实验时实验步骤为

（1）调节函数信号发生器，使其输出波形为矩形波，频率大致达到实验电路所设计的基波频率，信号峰峰值为 4～6V，把信号接入线路，因元器件量值的准确度所限，还需细调信号源的输出频率，使 L_1C_1 的基波谐振幅值为最大，把此频率定为实验的频率。

（2）用示波器观察 ah 两点的波形，测出其频率、幅度，把波形及波形参数填入表 1-23 中。然后依次观察各谐振回路两端的波形，测出其幅度和频率，并记录；再观察并记录 ac、ad、ae、af 之间的波形，并将 ac、ad 的波形与理论的结果做比较。

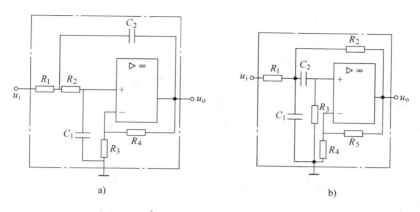

图 1-22　低通滤波器及带通滤波器参考图

表 1-23　非正弦周期信号的分解与合成记录表

测试点	ah	ab	bc	cd	de	ef	fg	gh	ac	ad
波形图										
波形参数	$V_p =$ ___ $T =$ ___	$V_p =$ ___ $T =$ ___	$V_p =$ ___ $T =$ ___	$V_p =$ ___ $T =$ ___	$V_p =$ ___ $T =$ ___	$V_p =$ ___ $T =$ ___	$V_p =$ ___ $T =$ ___	$V_p =$ ___ $T =$ ___		
说　明	输入波形	基波	2 次谐波	3 次谐波	4 次谐波	5 次谐波	6 次谐波	7 次谐波	1 +2 次谐波	1 +2 +3 次谐波

（3）选择函数信号发生器的输出波形为三角波，再重复上述实验步骤，并做好记录。

（4）采用图 1-21 进行实验时，实验步骤为

① 调节函数信号发生器，使其输出频率为 f，峰-峰值为 2V 的矩形波（f 为该实验模块 BPF1 所规定的频率）。将其接至电路输入端，再细调函数信号发生器的输出频率，使实验模块中中心频率为 f 的带通滤波器 BPF1 有最大的输出（即有最大的基波输出）。

② 将各带通滤波器的输出分别接至示波器，观测各次谐波的频率和幅度，把波形及波形参数填于表 1-24 中。

表 1-24　方波信号的分解与合成记录表

所测波形的名称	波 形 图	波 形 参 数
基波		幅值 $V_p =$ _____ ; 周期 $T =$ _____
3 次谐波		幅值 $V_p =$ _____ ; 周期 $T =$ _____
5 次谐波		幅值 $V_p =$ _____ ; 周期 $T =$ _____
7 次谐波		幅值 $V_p =$ _____ ; 周期 $T =$ _____
基波 +3 次谐波		
基波 +3 +5 次谐波		
基波 +3 +5 +7 次谐波		

③ 将方波分解所得的基波和 3 次谐波分量接至加法器的相应输入端，观测加法器的输出波形，并记录所得的波形。

④ 再分别将 5 次、7 次谐波分量加到加法器的相应输入端，观测相加后的波形，并记录

之。

⑤ 分别将频率为 f 的正弦半波、全波、矩形波和三角波的信号接至该电信号分解与合成模块输入端，观测基波及各次谐波的频率和幅度，记录之，记录表请自行设计。

⑥ 将频率为 f 的正弦半波、全波、矩形波、三角波的基波和谐波分量接至加法器的相应的输入端，观测加法器的输出波形，并记录之。

（5）用 EWB 或 Multisim 或 Matlab 或 PSpice 等进行仿真实验

1）用计算机仿真分析软件中的傅里叶分析（Fourier）分析观察非正弦周期信号的频谱特性。

① 选择仿真分析软件中的信号发生器产生的矩形波和三角波作为非正弦周期信号，利用分析（Analysis）菜单下的傅里叶分析（Fourier）观察它们的频谱特性。

② 将周期矩形波的占空比改变，观察发生的情况。

2）采用多组不同频率、不同幅值的正弦波进行叠加，观察所得到的非正弦周期信号。

① 分别从电源库中取出多个不同频率的正弦交流电源，选择某个频率作为基波，并使其余的信号源频率与基波频率成整数倍关系，同时根据需要设置好这些信号的幅值。

② 将这些电源方向一致（全取正）串联在一起，观察叠加后的波形。

③ 将这些电源方向取或正或负，再串联在一起，观察叠加后的波形。

④ 改变参数，重新进行上述分析。

5. 预习要求

1）认真阅读教材中的非正弦周期信号的傅里叶级数分解的内容，明确如何分解、如何将各谐波叠加及叠加后的结果。

2）了解 LC 并联谐振的特征。

3）了解有源低通及带通滤波器的设计分析方法。

4）阅读本书第 4 部分"EDA 技术应用"中有关内容，学会初步应用虚拟电子平台进行电路仿真。

6. 实验注意事项

1）实验中输入到实验模块的信号幅值不可过大，以免损坏模块，可预先大致调好再接入，然后再精确调到规定值。

2）输入信号的频率一定要调节得和实验所用模块中 BPF1 的实际中心频率（或者和图 1-20 中的 L_1C_1 回路的实际谐振频率）相一致（此时有最大的基波输出），否则将会出现实际所测和理论所得间有很大误差，导致实验失败。

3）在记录基波和各次谐波及基波和各次谐波的合成波形时，要注意各波形和输入波形间的相位关系（需用示波器双踪观察）。

7. 实验报告要求

1）根据实验测量所得数据，绘制各输入波形及其基波和各次谐波的波形，并标出其频率、幅度。作图时应将这些波形绘制在同一坐标平面上，以便比较各波形的频率、幅度和相位。

2）将根据理论所得的基波、2 次和 3 次谐波及其合成波形一同绘制在同一坐标平面上，并且把在实验中实际观测到的基波、2 次和 3 次谐波的合成波形也绘制在同一坐标纸上。

3）将根据理论所得的基波、2 次、3 次、4 次和 5 次谐波及其合成波形一同绘制在同一坐标平面上，并且把在实验中实际观测到的五者的合成波形也绘制在同一坐标纸上。

4）回答思考题。

5）总结实验心得体会。

8. 思考题

1）如何将矩形波、三角波、正弦半波整流、全波整流波形展开为傅里叶级数？

2）采用图1-20所示电路进行方波信号的分解与合成实验时，若图中L的直流电阻较大，C的损失系数较大，将会对实验结果产生什么影响？

3）什么样的周期性函数没有直流分量和余弦项？

4）分析理论合成的波形与实验观测到的合成波形之间误差产生的原因。

1.12　互感电路的研究

1. 实验目的

1）观察交流电路中的互感现象。

2）学习测量互感电路的同名端、互感系数和耦合系数。

2. 实验器材与设备

铁心互感线圈、直流稳压电源、电流表、万用表等。

3. 实验原理

判断互感线圈同名端的方法如下：

① 直流法。如图1-23所示，当开关S闭合瞬间，若毫安表的指针正偏，则可断定："1""3"为同名端；指针反偏，则"1""4"为同名端。

② 交流法。如图1-24所示，将两个线圈W_1（匝数为N_1）和W_2（匝数为N_2）的任意两端（如2、4端）连在一起，在其中的一个线圈（如W_1）两端加一个低压交流电压，另一线圈开路，用交流电压表分别测出U_{13}、U_{12}和U_{34}。若U_{13}是两个绕组端压之差，则1、3是同名端；若U_{13}是两个绕组端压之和，则1、4是同名端。

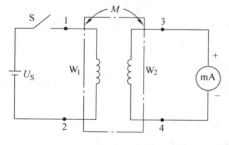

图1-23　直流法判断同名端

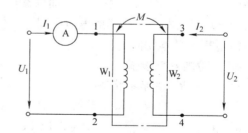

图1-24　交流法判断同名端

4. 实验内容与步骤

1）两线圈互感系数M的测定。如图1-24所示，在W_1侧加低压交流电压U_1，W_2侧开路，测出I_1及U_{20}，根据互感电动势$E_{2M} \approx U_{20} = \omega M I_1$，可算得互感系数为$M = U_2/(\omega I_1)$。

2）耦合系数K的测定。两个互感线圈耦合的松紧程度可用耦合系数K来表示，$K = M/\sqrt{L_1 L_2}$。如图1-24所示，先在W_1侧加低压交流电压U_1，测出W_2侧开路时的电流I_1，然

后再在 W_2 侧加电压 U_2，测出 W_1 侧开路时的电流 I_2，求出各自的自感 L_1 和 L_2，即可算得 K 值。

5. 预习要求

1）预习线圈绕组同名端的含义及判别方法。

2）设计出实验测试的接线图。

6. 实验注意事项

对电路施加的电压大小，要根据提供的电感线圈的额定电流来确定，防止烧坏线圈。

7. 实验报告要求

1）总结对互感线圈同名端、互感系数的实验测试方法。

2）解释实验中观察到的互感现象。

8. 思考题

用直流法判定同名端时，开关 S 打开与闭合瞬间，电表指针偏转的方向是否一致？

1.13　一阶电路的过渡过程

1. 实验目的

1）研究一阶 RC 电路的零状态响应和零输入响应。

2）学会从响应曲线中求出 RC 电路的时间常数 τ。

3）了解电路参数对充放电过程的影响。

2. 实验器材与设备

双踪示波器、信号发生器、电阻、电容、万用表、直流稳压电源等。

3. 实验原理

动态网络的过渡过程是十分短暂的单次变化过程。要用普通示波器观察过渡过程和测量有关的参数，就必须使这种单次变化的过程重复出现。为此，我们利用信号发生器输出的方波来模拟阶跃激励信号，即利用方波输出的上升沿作为零状态响应的正阶跃激励信号；利用方波的下降沿作为零输入响应的负阶跃激励信号。只要选择方波的重复周期远大于电路的时间常数 τ，那么电路在这样的方波序列脉冲信号的激励下，它的响应就和直流电接通与断开的过渡过程是基本相同的。

4. 实验内容与步骤

1）一阶 RC 电路零状态响应。一阶电路的动态元件初始储能为零时，由施加于电路的输入信号产生的响应，称为零状态响应。输入信号最简单的形式为阶跃电压或电流。如图 1-25a 所示电路，输入信号为恒定电压 U_S，当 $t = 0$ 时，闭合开关 S。

电容器电压 u_C 是随时间按指数规律上升的，如图 1-25b 所示。上升的速度取决于电路中的时间常数 τ，当 $t = \tau$ 时，$u_C = 0.632 U_S$；当 $t = 5\tau$ 时，$u_C = 0.993 U_S$，一般认为已上升到 U_S 值。

2）一阶 RC 电路零输入响应。一阶电路在没有输入信号激励时，由电路中动态元件的初始储能产生的响应，称为零输入响应。如图 1-26a、b 所示，电容器电压初始值为 U_0。

电容器电压 u_C 是随时间按指数规律衰减的。由计算可知，当 $t = \tau$ 时，$u_C = 0.368 U_0$；当 $t = 5\tau$ 时，$u_C = 0.007 U_0$，一般认为电容器电压 u_C 已衰减为零。由此可见，RC 串联电路

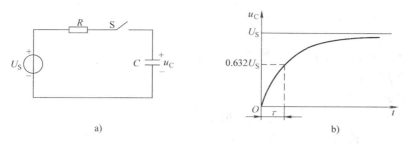

图 1-25　一阶 RC 零状态响应电路及响应曲线

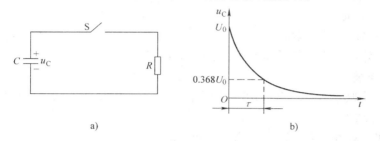

图 1-26　一阶 RC 零输入响应电路及响应曲线

的零输入响应由电容器电压初始值 U_0 和电路时间常数 τ 来确定。

3）组成 RC 充放电电路。如图 1-27 所示，其中 $R = 10\mathrm{k}\Omega, C = 1000\mathrm{pF}$，$u_S$ 为信号发生器的输出，取 $U_S = 3\mathrm{V}, f = 1\mathrm{kHz}$ 的方波电压信号，利用双踪示波器观察激励和响应的变化规律，求得时间常数 τ，并描绘波形。令 $R = 10\mathrm{k}\Omega$，$C = 3300\mathrm{pF}$，观察并描绘响应波形，继续增大 C 值，定性观察对响应的影响，记录观察到的现象。

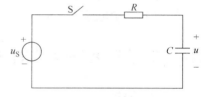

图 1-27　RC 充放电电路

4）微分电路。微分电路和积分电路是一阶 RC 电路中较典型的电路，它对电路元件参数和输入信号的周期有着特定的要求。一个简单的 RC 串联电路，在方波序列脉冲的重复激励下，当满足 $\tau = RC \ll T/2$ 时（T 为方波脉冲的重复周期），且由 R 端作为响应输出，就构成了一个微分电路。因为此时电路的输出信号电压与输入信号电压的微分成正比。

5）若将微分电路中的 R 与 C 位置对调一下，即由 C 端作为响应输出，且当电路参数的选择满足 $\tau = RC \gg T/2$ 时，即构成积分电路，此时电路的输出信号电压与输入信号电压的积分成正比。

6）组成微分电路。令 $C = 3300\mathrm{pF}$，$R = 10\mathrm{k}\Omega$，在 $f = 1\mathrm{kHz}$ 方波激励下，观察并描绘激励与响应 u_R 的波形。增减 R 之值，定性观察对响应的影响，并做记录。当 R 增至 ∞ 时，输入输出波形有何本质上的区别？

7）组成积分电路。令 $C = 33\mu\mathrm{F}$，$R = 10\mathrm{k}\Omega$，在同样的方波激励下，观察并描绘激励与响应 u_C 的波形。增减 R 之值，定性观察对响应的影响，并做记录。

8）用 EWB 或 Multisim 对电路进行仿真实验。

① 绘制电路图，取 $R = 1\mathrm{k}\Omega$，$C = 1000\mu\mathrm{F}$ 和 $R = 2\mathrm{k}\Omega$，$C = 1000\mu\mathrm{F}$，$R = 1\mathrm{k}\Omega$，$C = 1000\mu\mathrm{F}$；$R = 1\mathrm{k}\Omega$，$C = 2000\mu\mathrm{F}$ 两组参数，取 $U_o = 12\mathrm{V}$。

② 应用虚拟示波器对 RC 放电进行测量分析。

③ 应用虚拟示波器对 RC 充电进行测量分析。

④ 比较不同时间常数下 u_C 的曲线和变化规律。

⑤ 打印仿真结果。

5. 预习要求

1）复习 RC 电路的暂态过程的有关知识。

2）绘出实验电路图和相关响应曲线。

3）认真阅读示波器的使用说明。

6. 实验注意事项

1）注意正确使用示波器。

2）为防止外界干扰，信号发生器和示波器要共地。

7. 实验报告要求

1）根据实验观测结果，绘出 RC 一阶电路充放电时的变化曲线，由曲线测得 τ 值，并与参数值的计算结果作比较。

2）根据实验观察结果，归纳、总结微分和积分电路的形成条件及波形变换的特征。

8. 思考题

1）什么样的电路称为一阶电路？一阶电路的零状态响应和零输入响应有何区别？

2）已知一阶电路 $R = 10k\Omega$，$C = 3300pF$，试计算时间常数 τ。

1.14 二端口网络参数的测定

1. 实验目的

1）学习测量无源线性二端口网络参数的方法。

2）研究二端口网络及其等效电路在有载情况下的性能。

2. 实验器材与设备

1）主要设备：直流电源、实验板、电压表等。

2）实验设备中所提供的电阻元件清单：_____

_____。

3. 实验原理

对于任何一个线性网络，我们所关心的往往只是输入端口和输出端口的电压和电流之间的相互关系，并通过实验测定方法求取一个极其简单的等值二端口电路来替代原网络，此即为"黑盒理论"的基本内容。

4. 实验内容及要求

1）以下二端口网络参数的测量是建立在如图 1-28 所示的基础上。所用电源为直流电源。

2）设计无源线性二端口网络实验线路，要求：

图 1-28 二端口网络参数测试框图

① 至少含有 5 个（或以上）电阻元件，确定其阻值。

② 至少含有两个（或以上）网孔。

③ 网络内不含电阻以外的任何其他元件。

④ 绘制电路图。并标出两个端口的电压电流方向。

3）按所设计的电路接线，进行 Z 参数的测量和计算。

① 将输出开路（$I_2 = 0$），在输入端加一直流电源，测量输入端口的电压 U_1 和电流 I_1，输出端口的电压 U_2，则 $Z_{11} = U_1/I_1$，$Z_{21} = U_2/I_1$。

② 输入开路（$I_1 = 0$），在输出端加一直流电源，测量输出端口的电压 U_2 和电流 I_2，输入端口的电压 U_1，则 $Z_{22} = U_2/I_2$，$Z_{12} = U_1/I_2$。将以上测量数据填入表 1-25 中。

表 1-25　二端口网络的 Z 参数的测量

	输出开路（$I_2 = 0$）		输入开路（$I_1 = 0$）	
	U_1/V	I_1/mA	I_2/mA	U_1/V
计算值				
测量值				
$Z_{11} = U_1/I_1 =$　　　Ω, $Z_{21} = U_2/I_1 =$　　　Ω			$Z_{22} = U_2/I_2 =$　　　Ω, $Z_{12} = U_1/I_2 =$　　　Ω	

4）H 参数的测量

① 将输出短路（$U_2 = 0$），在输入端加一直流电源，测量输入端口的电压 U_1 和电流 I_1，输出端口的电流 I_2，则 $H_{11} = U_1/I_1$，$H_{21} = I_2/I_1$。

② 输入开路（$I_1 = 0$），在输出端加一直流电源，测量输出端口的电压 U_2 和电流 I_2，输入端口的电压 U_1，则 $H_{22} = I_2/U_2$，$H_{12} = U_1/U_2$。将以上测量数据填入表 1-26 中。

表 1-26　二端口网络的 H 参数的测量

	输出短路（$U_2 = 0$）			输入开路（$I_1 = 0$）		
	U_1/V	I_1/mA	I_2/mA	U_2/V	I_2/mA	U_1/V
计算值						
测量值						
$H_{11} = U_1/I_1 =$　　　Ω, $H_{21} = I_2/I_1 =$			则 $H_{22} = I_2/U_2 =$　　　S, $H_{12} = U_1/U_2 =$			

5）带负载时输入阻抗的测量

在输出端接一负载 R_L，在输入端加上直流电源，测量此时的 U_1、I_1，则 $Z_i = U_1/I_1$。

5. 预习要求

1）预习网络参数计算及测量的有关知识和方法。

2）设计并列出实验计算表格，填写计算数据。

① 列出 Z 参数特征方程，并计算 Z 参数。

② 列出 H 参数特征方程，并计算 H 参数。

③ 在两端口网络输出端接一负载 Z_L（自定），计算网络的输入阻抗 Z_i。

④ 根据参数转换关系验证 Z、H 参数和 Z_i，并判断网络是否互易或对称。

⑤ 列出实验测试表格，备用，并提前进行计算，将计算值填入表格中。

6. 思考题

1）如何判断所设计的两端口网络是否互易或对称？

2）网络参数（Z、H）是否与外加电压电流有关？为什么？

3）将所设计的网络等效成一个 T 形网络（或 Π 形网络），并验证各网络参数。

1.15 回转器的实验研究

1. 实验目的

1）测量回转器的基本参数，掌握回转器的基本特性。

2）了解回转器的应用。

2. 实验器材与设备

示波器、函数发生器、毫伏表、直流电源、0.1μF 电容器、回转器电路板等。

3. 实验原理

由于回转器有阻抗逆变作用，在集成电路中得到重要的应用。因为在集成电路制造中，制造一个电容元件比制造电感元件容易得多，我们可以用一带有电容负载的回转器来获得数值较大的电感。

4. 实验内容与步骤

实验电路如图 1-29 所示。

1）回转器接电阻性负载

① 在图 1-29 的 2-2′端接纯电阻负载（电阻箱），函数发生器输出信号频率固定在 1kHz，信号源电压 ≤3V。

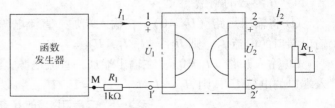

图 1-29 回转器接电阻性负载

用交流毫伏表测量不同负载电阻 R_L 时的 U_1、U_2 和 U_{R1}，并计算相应的电流 I_1、I_2 和回转常数 g，一并记入表 1-27 中。

表 1-27 回转器接电阻性负载

R_L	测量值			计算值				
	U_1/V	U_2/V	U_{R1}/V	I_1/mA	I_2/mA	$g' = \dfrac{I_1}{U_2}$	$g'' = \dfrac{I_2}{U_1}$	$g = \dfrac{g' + g''}{2}$
510Ω								
1kΩ								
1.5kΩ								
2kΩ								
3kΩ								
3.9kΩ								
5.1kΩ								

② 用双踪示波器观察回转器输入电压和输入电流之间的相位关系。信号源的高端接 1 端，低（"地"）端接 M，示波器的"地"端接 M，Y_A、Y_B 分别接 1、1′端。

2）回转器接电容负载

在图 1-29 的 2-2′端改接成电容负载 $C = 0.1\mu F$，取信号电压 $U \leq 3V$，频率 $f = 1kHz$。用示波器观察 i_1 与 u_1 之间的相位关系，是否具有感抗特征。

5. 预习要求

1）复习有关回转器的知识。

2）熟悉回转器电路组成并了解实验设备及仪表。

3）写出实验预习报告。

6. 思考题

1）实验过程中，示波器及交流毫伏表电源线为什么应该使用两线插头？

2）为什么回转器又称为阻抗逆变器？

3）如果输入信号幅度过大会出现什么情况？

4）设有一回转器，回转电导 $g = 0.001S$，试求在回转器 2-2′ 端接上一 $0.1\mu F$ 的电容，在 1-1′ 端所得到的等效电感值。

1.16　三相异步电动机的使用

1. 实验目的

1）了解三相异步电动机结构及铭牌数据的意义。

2）学习判别电动机定子绕组始、末端的方法。

3）学习异步电动机的接线方法、直接起动及反转的操作。

2. 实验器材与设备

三相异步电动机、兆欧表、钳形电流表、转速表、数字万用表。

3. 实验原理

三相异步电动机出线盒通常有 6 个引出端钮，如图 1-30a 所示，标有 U_1、V_1、W_1 和 U_2、V_2、W_2，若 U_1、V_1、W_1 为三相绕组的始端，则 U_2、V_2、W_2 则是相应的末端。根据电动机的额定电压应与电网电压相一致的原则，若电动机铭牌上标明"电压 220/380V，接法△/丫"，而电网电压为三相 380V，则电动机三相定子绕组应接成星形，如图 1-30b 所示；若供电电压为三相 220V，则电动机三相定子绕组应接成三角形，如图 1-30c 所示。

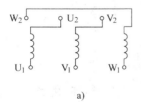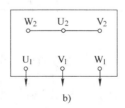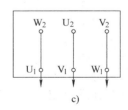

图 1-30　定子绕组接线图

4. 实验内容与步骤

1）实验测定定子绕组始末端的方法。

① 方法一：先任意假定一相绕组的始末端，并标上 U_1、U_2，然后按图 1-31 所示方法依次确定第二、第三相绕组的始末端。

如第二相绕组按图 1-31a 所示与第一相绕组相连，当在 U_1、V_1 间加 220V 交流电压时，由于两相绕组产生的合磁通不穿过第三相绕组的线圈平面，因此磁通变化不会在第三相绕组中产生感应电动势。这时用交流电压表测量第三相绕组两端电压时，读数应为零或极小。

当连成图 1-31b 所示情况时，由于合成磁通穿过了第三相绕组的线圈平面，故磁通变化时会在第三相绕组中产生感应电动势。这时第三相绕组两端电压为一较大数值（＞10V）。

因此可以根据对三相绕组交流电压测量结果来判定与 U_2 相连的是 V_2 还是 V_1，由此确定出第二相绕组的始端 V_1 和末端 V_2，按同样方法再判断出第三相绕组的始末端，并做出标记。

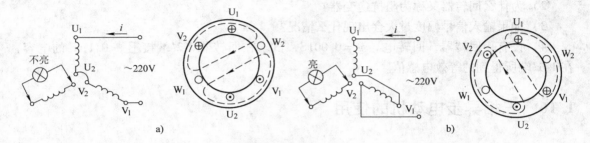

图 1-31　定子绕组始末端的测试接线图

② 方法二：首先用万用表欧姆档区分出每相绕组的两个出线端，然后把假设的 3 个首端的端钮连在一起，另外 3 个尾端的端钮也连在一起，接于直流毫安表（万用表毫安档），如图 1-32a 所示。用手转动电动机的转子，如果表针不动或微动，则说明所设正确。如果表针有比较大摆动，则说明有一相绕组的首尾端反了，如图 1-32b 所示。调整后再试，直到表针不动为止。这是应用了转子铁心剩磁在定子三相绕组中产生感应电动势的原理进行判别的。

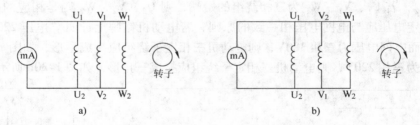

图 1-32　定子绕组首尾端判别方法

2）使用兆欧表测量各绕组之间的绝缘电阻和每相绕组与机壳之间的绝缘电阻应不小于 $1M\Omega$。

3）电动机的直接起动

① 把三相异步电动机定子绕组接成三角形，3 条引出线接到线电压为 220V 的三相电源上，闭合开关，观察电动机的起动，并用钳形电流表测量起动电流，将测试数据填入表 1-28 中。

② 三相定子绕组改接成星形，接到线电压为 380V 的三相电源上，重新起动电动机，测量并记录起动电流。

4）电动机的正反转。将电动机与三相电源连接的任意两条线对调接好，通电，观察电动机的转向。

表 1-28　三相异步电动机起动电流测量

	起 动 条 件	起 动 电 流
1	$U_1 = 220\text{V}$，△联结，直接起动	
2	$U_1 = 380\text{V}$，丫联结，直接起动	

5）用转速表测量转速并记录。

5. 预习要求

1）查阅本教材附录及相关资料，了解丫系列三相异步电动机的参数及特点。

2）拟定各项内容的测试方法、步骤及注意事项。

3）重点熟悉绝缘电阻表、钳形电流表和转速表的使用方法。

6. 实验注意事项

1）使用三相异步电动机，不仅要注意电动机的额定电压与电源电压相符合，还要注意电动机定子绕组应采用的连接形式。

2）测定电动机起动电流时，所选钳形电流表量程应稍大于电动机额定电流的 7 倍，切不可按额定电流值选用。

3）使用绝缘电阻时应注意的事项

① 在用绝缘电阻测量电动机的绝缘电阻时，必须切断电源，并切断该电动机与其他电气设备及仪表在电路上的联系。

② 由于绝缘电阻内手摇发电机的电压较高，使用时必须将电动机的待测部分与绝缘电阻表的接线柱用导线稳妥地连接在一起。

③ 测量时应边摇手柄（按规定转速）边读数，不能停摇后再读数。

④ 测量过程中切勿用手抚摸电动机和绝缘电阻表的测量导线，也不能让两根测量导线短路。

4）使用转速表时，转速表的橡皮头应正对电动机轴的中心孔，使转速计轴与电动机轴在同一直线上（倾角 <5°）；转速计橡皮头应轻轻压在电动机轴上，不打滑即可；要选择合适量程，测量过程中不能改变量程。（由于实验时电动机一般是在空载下，故所测转速很接近同步转速。）

7. 思考题

1）电动机的额定功率是指输出机械功率还是输入功率？额定电压是指线电压还是相电压？额定电流是指定子绕组的线电流还是相电流？

2）能否用万用表的欧姆档测量电动机的绝缘电阻？为什么？

3）如果将电动机三相定子绕组的始末端互换，再接在电源上能否正常工作？

4）当电动机与电源相连的任意两条引出线对调后，为什么会使电动机反转？

1.17　继电接触器控制电路

1. 实验目的

1）熟悉交流接触器、按钮等低压电器的结构、性能、规格和型号。

2）设计三相异步电动机直接起动、停止的控制电路原理图。

3）设计三相异步电动机点动、连续运转和三相异步电动机正反转控制以及顺序控制的电路原理图。

4）学习简单控制环节的设计方法和提高综合运用能力。

5）学习并掌握控制电路的接线方法，提高工程素质和能力。

2. 实验器材与设备

实验电路板、万用表、交流接触器、按钮、熔断器、热继电器、三相异步电动机等。

3. 实验原理

1）点动和自锁控制

① 交流电动机继电—接触控制电路的主要设备是交流接触器。

② 在控制回路中常采用接触器的辅助触点来实现自锁和互锁控制。

③ 控制按钮通常用以短时通、断小电流的控制回路，以实现近、远距离控制电动机等执行部件的起、停或正反转控制。

④ 采用熔断器作短路保护，当电动机或电器发生短路时，及时熔断熔体，达到保护线路、保护电源的目的。熔体熔断时间与流过的电流关系称为熔断器的保护特性，这是选择熔体的主要依据。

⑤ 采用热继电器实现过载保护，使电动机免受长期过载的危害。其主要的技术指标是整定电流值，即电流超过此值的20%时，其动断触点应能在一定时间内断开，切断控制回路，动作后只能由人工进行复位。

2）正反转控制

在笼型三相异步电动机正反转控制电路中，通过相序的更换来改变电动机的旋转方向。

4. 实验内容与要求

1）设计三相异步电动机直接起动、停止的继电接触器控制电路。

① 认识低压电器的结构和作用。

② 绘制电路原理图，要求有：短路保护、过载保护和零电压保护。

③ 按照所设计的电路接线，经检查无误后通电进行运转实验。

2）设计三相异步电动机既能点动，又能连续运转的控制电路。

① 绘制电路原理图。

② 在1）的基础上改换电路接线，经检查无误后通电进行运转实验。

3）设计控制三相异步电动机正反转的控制电路。

① 绘制电路原理图。

② 按照所设计的电路接线，经检查无误后通电进行运转实验。

4）设计两台三相异步电动机顺序起动的控制电路。要求第1台电动机 M_1 起动后第2台电动机 M_2 才能起动。两台电动机均能独立停止。

① 绘制电路原理图。

② 按照所设计的电路接线，经检查无误后通电进行运转实验。

5. 预习要求

1）预习有关低压电器和继电接触控制的有关知识。

2）按照实验要求提前绘出实验电路图。

6. 实验注意事项

认真检查接线，注意安全。

7. 实验报告要求

1）按国标画出实验电路图，并简述工作原理。

2）若控制的三相异步电动机功率为 2.2kW，丫联结，选择适用的熔断器、交流接触器和热继电器，确定其型号。

8. 思考题

1）该控制电路采用 380V 或 220V 供电是否都可以？为什么？

2）如何选用交流接触器？

3）自锁触点在控制电路中的作用是什么？

4）多工位控制时，常闭触点如果并联，而常开触点串联是否可以起到同样作用？为什么？

5）正反转控制电路中，互锁触点的作用是什么？如果不接入互锁触点会发生什么情况？

6）正反转控制电路中，停止按钮有无必要设置两个？

7）在接线中有什么体会？

8）如何检查控制电路？

1.18 三相异步电动机变频调速应用研究

1. 实验目的

1）认识变频调速器，了解变频调速方法。

2）了解变频调速器接线和使用方法。

2. 实验器材与设备

变频调速器、三相异步电动机、交流接触器、按钮以及演示设备等。

3. 实验原理

1）三菱、台达等厂家的变频器使用方法大同小异。以台达 VFD—M 变频器为例，配线图见图 1-33a、b。若仅用数位控制面板操作时，只有主回路端子配线即可。

2）数位操作器按键说明。数位操作器位于变频器中央位置，可分为 3 部分：显示区、按键控制区及频率设定旋钮。显示区显示输出频率、电流、各参数设定值及异常内容。LED 指示区显示变频器运行的状态，如图 1-34 所示。

3）6 个操作键如图 1-35 所示。

4）功能与参数说明详见实验室提供的变频器使用手册。

5）电源引入可以是三相，亦可以是单相 220V（但要进行设定），本实验选用后者，由 S、T 端子输入。

6）三相输出为 220V 线电压。而三相异步电动机额定电压为 380V，丫联结，因此需要将其改为 △联结，才能正常工作，否则输出转矩将为正常值的 1/3。

4. 实验内容与步骤

（1）变频调速实验

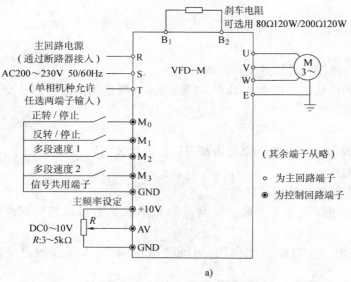

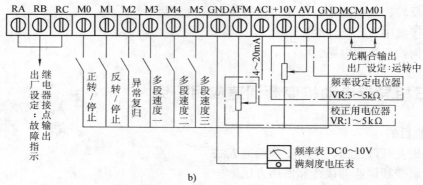

图 1-33 台达 VFD—M 变频器配线图

1）接线。在继电接触器控制电路实验的基础上，将主电路的接触器主触点出线端与变频器的 R、S、T 相连，而把变频器的 U、V、W 与三相异步电动机相连。把变频器 M_0 与 GND 端子连接在一起（正转）。

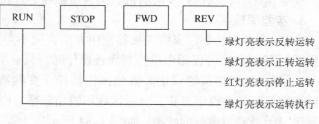

图 1-34 LED 指示说明

2）变频器设定。这里只设定几个主要参数：

① P00 频率指令来源设定：00——主频率输入由数字操作器控制；01——主频率输入由模拟信号 DC0 ~ +10V 控制（AV1）。这里先选择 00，由变频器上的旋钮控制频率，然后再选择 01，由外接电位器控制。

② P01 运转指令来源设定：选择 00，键盘 STOP 有效。

③ P03 最高操作频率选择：设定为 50Hz。

④ P04 最大电压频率选择：设定 10 ~ 50Hz。

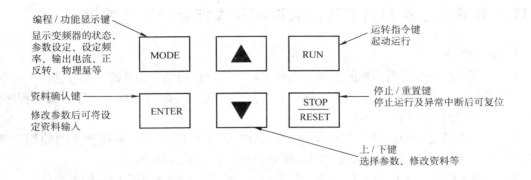

编程/功能显示键
显示变频器的状态、
参数设定、设定频率、输出电流、正
反转、物理量等

资料确认键
修改参数后将设定资料输入

MODE

▲

ENTER

▼

RUN
运转指令键
起动运行

STOP/RESET
停止/重置键
停止运行及异常中断后可复位

上/下键
选择参数、修改资料等

图 1-35　操作键盘

⑤ P05 最高输出电压选择：设定为 220V。

3）调速运转实验：a. 接通电源，按下起动按钮，交流接触器吸合，主触点闭合。调节变频器控制面板上的频率设定旋钮，电动机开始起动，对应频率的上升，电动机转速升高。连续调节电位器，则转速连续上升。b. 将 P00 频率指令来源设定选择 01，由外接电位器控制，调节外接电位器，频率发生变化，同时电动机转速随之变化，此时变频器上的 STOP 不起作用。

（2）变频调速演示实验

1）由指导教师介绍演示实验装置的各个部分。

2）当场进行参数设定。

3）调节频率设定旋钮，电动机随频率发生转速改变。同时观察数字转速表现实的转速与变频器面板上的频率显示的关系。

4）闭合"正转"开关，电动机正转；闭合"反转"开关，电动机反转。

5）设定外部端子控制（P00 频率指令来源设定为 01- 主频率输入由模拟信号直流电压 0 ~ +10V 控制）调节外接电位器，观测变频器输出频率和电动机转速变化。

6）接入刹车电阻，与未接入时停车情况进行比较。

5. 预习要求

认真阅读变频器使用说明书。

6. 实验注意事项

认真按照要求接线，仔细检查，注意安全。

7. 实验报告要求

1）按国标画出实验电路图，并简述工作原理。

2）总结变频调速器的使用方法，特别是参数的设定方法。

8. 思考题

1）在变频器设定时，若使用国产 Y 系列三相异步电动机，P03 最高操作频率选择为什么设定为 50Hz 而不能设置在 60Hz？

2）当 P04 最大电压频率选择设定为 10 ~ 50Hz 对应 $p = 2$ 的三相异步电动机的转速调节范围是多少？

1.19　可编程序控制器系统的认识和基本指令设计与编程

1. 实验目的

1）了解可编程控制器系统的组成，熟悉 FX 系列 PLC 的结构和外部接线方法。

2）了解和熟悉 FX—20P—E 手持编程器的使用方法，掌握用它写入程序、编辑程序以及对 PLC 的运行进行监控的方法。

3）了解和熟悉 SWOPC-FXGP/WIN-C 编程软件或 GX Developer 编程软件的使用方法，掌握用它写入程序、编辑程序以及对 PLC 的运行进行监控的方法。

4）熟悉 FX 系列 PLC 的编程元件，掌握 FX 系列 PLC 的基本指令的功能及用法。

2. 实验器材设备

本实验所用器材与设备见表 1-29。

3. 实验原理

模拟实验板由 PLC 控制器、开关、接触器和接线端子组成，可编程序控制器的输入端接模拟开关，用来模拟现场开关信号，模拟开关可采用按钮、钮子开关、行程开关、接近开关和传感器等多种；可编程序控制器的输出端可接接触器，而接触器可驱动电动机、电热器等负载，当然实验中输出端也可不接负载而仅用基本单元的输出指示灯来模拟。模拟实验板及与可编程序控制器的接线如图 1-36 所示。传感器、接近开关常称为有源开关，（见图 1-36 中 SP）一般它们有 3 根引线，其中两根接电源正负端，还有 1 根作开关输出端，并与 PLC 输入端相连。

表 1-29　可编程控制器实验器材与设备

名　称	型号及规格	数　量	备　注
PLC 控制器	FX$_{2N}$—48MR	1	也可用其他 FX 系列 PLC
手持式编程器	FX—20P—E	1	最好配装有 SWOPC-FXGP/WIN-C 编程软件或 GX Developer 编程软件的计算机
编程通信电缆	FX—20P—CABO	1	
模拟实验板	自制	1	

4. 实验内容与要求

（1）简易编程器的使用。编程器是 PLC 最重要的外围设备，它一方面能对 PLC 进行编程，即编制用户程序，并将其程序存入 PLC 的存储器中；另一方面又能对 PLC 的工作状态进行监控，利用编程器可检查、修改、调试程序，还可在线监视 PLC 的工作状况。FX 系列 PLC 的手持式编程器有 FX—10P—E 和 FX—20P—E 两种，主要由液晶显示屏、ROM 写入器接口、存储器卡盒接口，以及包括功能键、指令键、元件符号键、数字键等的键盘组成。编程器与主机之间采用专用电缆连接，主机的型号不同，电缆的型号也不同。FX—20P—E 的操作面板图如图 1-37 所示，其与控制器的连接如图 1-38 所示。

1）程序的写入、检查和修改。在断电的情况下，将各模拟开关接到 PLC 的输入端，用编程电缆将编程器接到可编程序控制器上，并将可编程序控制器上的工作方式开关拨到 STOP 位置，接通可编程序控制器的电源。

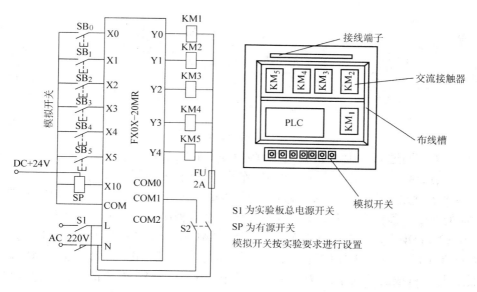

图 1-36　PLC 实验板

在编程器的 LCD 画面中选择联机编程方式（ON LINE）后按 < GO > 键，然后按 < RD/WR > 键，使编程器处于 W（写入）工作方式，在写入方式先清除原有程序（成批写入NOP）：可按 < NOP > → < A > → < GO > → < GO > 键，接着再写入图 1-39a 对应的指令表程序，写入后从第 0 步开始逐条检查程序，如果发现错误，显示出错误的指令后再写入正确的指令。

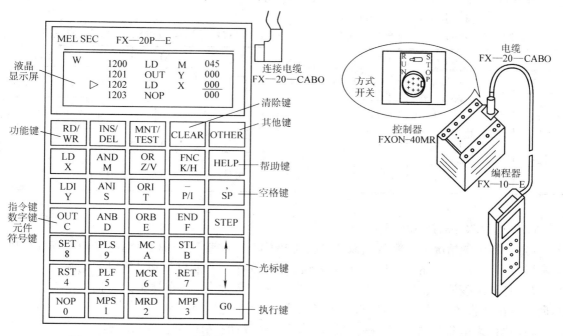

图 1-37　FX—20P—E 的操作面板图　　　　图 1-38　编程器与可编程序控制器的连接

2）模拟运行程序。写入的程序经检查无误后，断开 PLC 的全部输入开关，将 PLC 的工作方式开关拨到 RUN 位置上，用户程序开始运行，"RUN" LED 亮，按照表 1-30 操作 X0 ~

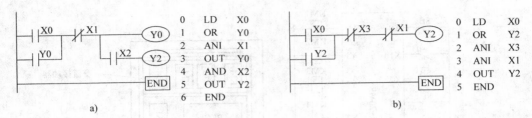

图 1-39　梯形图

X2 对应的开关，通过 PLC 上的 LED 观察 Y0 和 Y2 的状态，把结果填入表中。表中脉冲波形表示开关接通后马上断开（模拟按钮的操作），0、1 分别表示开关断开和接通。

3）指令的读出、删除、插入和修改。把 PLC 的工作方式开关拨到 STOP 位置。将图 1-39a 对应的指令表程序改为图 1-39b 对应的指令表程序，按下列步骤进行操作：①删除指令 AND X2 和 OUT Y2；②在 ANI X1 之前插入 ANI X3；③将 OR Y0 改为 OR Y2，将 OUT Y0 改为 OUT Y2。完成以上操作后，检查修改后的程序是否与图 1-39b 一致，如果发现错误则改正之。运行修改后的程序，按照表 1-31 操作 X0、X1、X3 对应的开关，把有关结果记录在表中。

4）清除已写入的程序，然后写入图 1-40 对应的指令表程序，检查无误后运行该程序，并用编程器完成以下监视工作：①改变 X0 和 X1 的状态，监视 M1 和 M2 的状态；②用 X1 控制 T1 的线圈，监视 T1 当前值和触点的变化情况；③在以下情况下监视 C1 的当前值、触点和复位电路的变化情况：首先接通 X2 对应的开关，并用 X3 对应的开关给 C1 提供计数脉冲；然后断开 X2 对应的开关，用 X3 对应的开关发出 6 个计数脉冲；最后重新接通 X2 对应的开关，记录上述各步中观察到的情况。

表 1-30　图 1-39a 的输入输出信号状态表

X0	X1	X2	Y0	Y2
⊓	0	0		
0	0	1		
0	0	0		
0	⊓	0		

表 1-31　图 1-39b 的输入输出信号状态表

X0	X1	X3	Y2
⊓	0	0	
0	⊓	0	
⊓	0	0	
0	0	⊓	

（2）编程软件的使用

1）在断电的情况下，将各模拟开关接到 PLC 的输入端，用编程电缆连接 PLC 和计算机的串行通信接口，PLC 的工作方式开关拨到 STOP 位置，接通 PLC 和计算机的电源。

2）打开编程软件，执行菜单命令"文件"→"新文件"，在弹出的对话框中设置 PLC 的型号。在"视图"菜单中可以选择梯形图或指令表编程语言。

3）执行菜单命令"PLC"→"端口设置"，选择计算机的通信端口与通信的速率。

4）输入图 1-41 所示的梯形图，保存编辑好的程序。执行菜单命令"工具"→"转换"将创建的梯形图转换格式后存入计算机中。

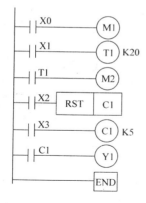

图 1-40 梯形图

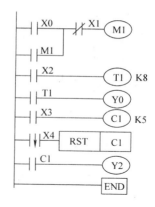

图 1-41　梯形图

5）程序的检查：执行菜单命令"选项"→"程序检查"，选择检查的项目，对程序进行检查。检查是否有双线圈时，一般只选择"输出"（OUT）指令。

6）程序的下载：打开要下载的程序，将 PLC 置于 STOP 工作方式，用菜单命令"PLC"→"传送"→"写出"将计算机中的程序发送到 PLC 中。在弹出的窗口中选择"范围设置"，并输入起始步和终止步，可以减少写出的时间。

7）程序的读入：在编程软件中生成一个新的文件，在 STOP 方式用菜单命令"PLC"→"传送"→"读入"，将 PLC 中的程序传送到计算机中，原有的程序被读入的程序代替。

8）程序的运行与元件监控：PLC 的方式开关在 RUN 位置时，执行"PLC"→"遥控运行/停止"可以切换 PLC 的 RUN 与 STOP 方式。

在运行方式，根据梯形图用接在输入端的开关为图 1-41 中的输入继电器提供输入信号，观察 Y0 和 Y2 的状态变化，并记录。

执行菜单命令"监控/测试"→"元件监控"，监视 M1 的 ON/OFF 状态、T1、C1 的当前值变化的情况。

9）强制 ON/OFF：执行菜单命令"监控/测试"→"强制 ON/OFF"，在弹出的对话框中输入元件号，选"设置"（置位）将该元件置为 ON，选"重新设置"（复位）将该元件置为 OFF。

分别在 STOP 和 RUN 状态下，对 Y0、M1、T1 和 C1 进行强制 ON/OFF 操作。

10）修改 T/C 的设定值：在梯形图方式和监控状态，将光标放在要修改的 T/C 的输出线圈上，执行菜单命令"监控/测试"→"修改设定值"，将 C1 的设定值修改为 K3，在梯形图中观察 C1 设定值的变化。

（3）基本指令的编程及程序运行。根据下列程序进行模拟操作，记录有关数据。

1）编辑并运行图 1-42a 所示的梯形图程序，完成下列记录：

① X0 = OFF；X1 = OFF；X2 = OFF；X3 = OFF；Y2 = _____

② X0 = ON；X1 = OFF；X2 = OFF；X3 = OFF；Y2 = _____

③ X0 = OFF；X1 = ON；X2 = OFF；X3 = ON；Y2 = _____

④ X0 = ON；X1 = ON；X2 = ON；X3 = ON；Y2 = _____

⑤ X4 = OFF；X5 = OFF；X6 = OFF；X7 = OFF；Y3 = _____

⑥ X4 = ON；X5 = ON；X6 = OFF；X7 = OFF；Y3 = _____

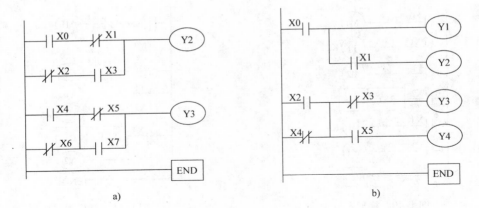

图 1-42 梯形图

⑦ X4 = OFF；X5 = OFF；X6 = ON；X7 = ON；Y3 = _____

⑧ X4 = ON；X5 = ON；X6 = ON；X7 = ON；Y3 = _____

2）编辑并运行图 1-42b 所示的梯形图程序，完成下列记录：

① X0 = ON；X1 = OFF；Y1 = _____；Y2 = _____

② X0 = ON；X1 = ON；Y1 = _____；Y2 = _____

③ X0 = OFF；X1 = ON；Y1 = _____；Y2 = _____

④ X0 = OFF；X1 = OFF；Y1 = _____；Y2 = _____

⑤ X2 = ON；X3 = ON；X4 = OFF；X5 = OFF；Y3 = _____；Y4 = _____

⑥ X2 = OFF；X3 = OFF；X4 = ON；X5 = ON；Y3 = _____；Y4 = _____

⑦ X2 = ON；X3 = OFF；X4 = ON；X5 = OFF；Y3 = _____；Y4 = _____

⑧ X2 = OFF；X3 = ON；X4 = OFF；X5 = ON；Y3 = _____；Y4 = _____

3）编辑并运行图 1-43 所示的定时器和计数器的应用梯形图程序，完成各图的时序波形图，记于表 1-32 中。

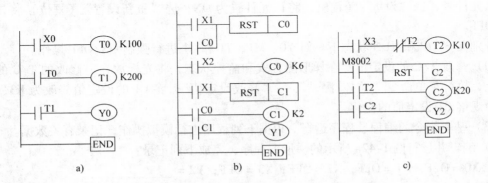

图 1-43 定时器和计数器的应用梯形图

5. 预习要求

1）阅读 FX-20P-E 编程器的使用方法，弄清指令键的含义和功能，了解编辑功能键的含义。

表 1-32　图 1-43 的时序图

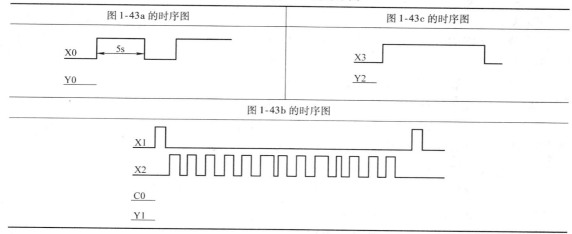

2）初步了解 SWOPC – FXGP/WIN – C（或 GX Developer）编程软件使用方法。

3）复习教材中有关部分的内容，同时仔细阅读本实验所写的内容，理解本实验所用的梯形图的工作原理，写出各梯形图所对应的指令表程序。

4）了解 PLC 实验板的结构。

6. 实验报告要求

1）写出本实验所用的各梯形图所对应的指令表程序。

2）整理出模拟运行各程序及监视操作时观察到的各种现象和数据。

7. 思考题

1）FX 的基本指令有哪些？如何应用？

2）FX 系列各编号的定时器的最小时间间隔是多少？如何进行定时器的串级使用？

3）定时器和计数器如何串级使用？

1. 20　PLC 控制系统演示与设计

1. 实验目的

1）根据实际控制要求，掌握 PLC 的编程基本步骤；进一步熟悉 FX 系列 PLC 的指令。

2）学会设计简单的梯形图程序。

3）进一步掌握编程器和编程软件的使用方法和程序调试方法。

4）了解用 PLC 解决实际问题一般过程。

2. 实验器材

本实验所用设备同表 1-29。

3. 实验内容与步骤

（1）PLC 控制系统演示　十字路口交通灯控制。

1）交通灯设置示意图见图 1-44 。

2）系统控制要求

① 系统启动后，以南北方向红灯亮、东西方向绿灯亮为初始状态。

② 两个方向的绿灯不能同时亮，否则关闭信号灯并报警。

③ 某一方向的红灯亮保持30s，而另一方向的绿灯亮只需维持25s。之后绿灯便闪亮3次，随后转为黄灯亮，并保持2s，此后，两个方向的红绿灯信号互换，开始下一个控制过程，系统能自动循环进行。其控制时序见图1-45。

图1-44 交通灯设置示意

3）I/O 分配见表1-33。

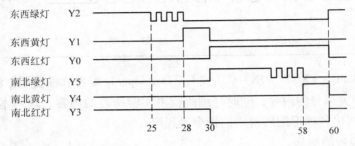

图1-45 控制时序

表1-33 I/O 分配

地 址		信 号	地 址		信 号
输入	X1	东西方向急通	输出	Y2	东西绿灯
	X2	南北方向急通		Y3	南北红灯
输出	Y0	东西红灯		Y4	南北黄灯
	Y1	东西黄灯		Y5	南北绿灯

4）参考程序。梯形图见图1-46。

程序中 M8002 为初始化脉冲继电器，M8013 为 1s 时钟计数脉冲继电器，指令 PLS M5 作为自动循环控制，输入继电器 X1 和 X2 分别作为东西方向和南北方向急通控制。

5）根据梯形图编写出指令表程序，输入程序，模拟操作并观测输出指示情况。

（2）设计简单的梯形图程序

1）延时断开电路示例。图 11-47a 中的 Y0 在输入信号 X1 的上升沿变为 ON，X1 变为 OFF 后6s，Y0 才变为 OFF。输入此梯形图并运行程序，改变 X1 的状态，观察运行结果，分析电路的工作原理。

2）信号灯闪烁电路示例。图1-47b 中 Y2 对应的 LED 在 X2 变为 ON 后开始闪烁，Y2 的线圈"通电"和"断电"的时间分别等于 T1 和 T0 的设定值。特殊辅助继电器 M8013（1s 时钟脉冲）的触点提供频率为 1Hz 的脉冲（ON 0.5s，OFF 0.5s）用它的触点可以很方便地组成信号灯闪烁电路。输入此梯形图并运行程序，改变 X2 和 X3 的状态，观察运行结果并记录。

3）简单抢答显示程序设计。参加智力竞赛的 A、B、C 3 人的桌上各有一个抢答按钮，

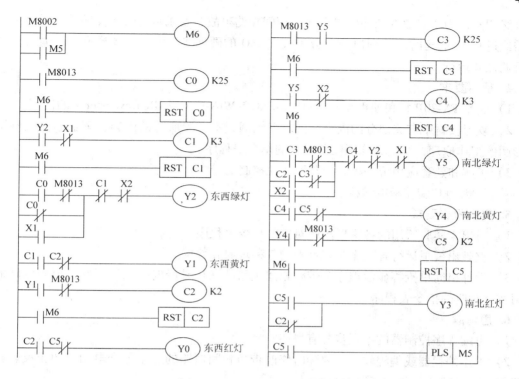

图 1-46　交通灯控制梯形图

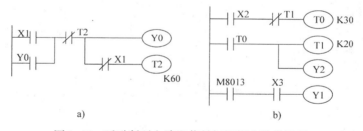

图 1-47　延时断开电路和信号灯闪烁电路梯形图

分别为 SB_1、SB_2、SB_3，用三个灯 $HL_1 \sim HL_3$ 显示他们的抢答信号。当主持人接通抢答允许开关 SW 后抢答开始，最先按下按钮的抢答者对应的灯亮，与此同时，应禁止另外两个抢答者的灯亮，指示灯在主持人断开开关 SW 后熄灭。

各外部输入、输出元件对应的 PLC 输入、输出端子号如表 1-34 所示，请设计此抢答显示梯形图，输入程序，并进行调试。调试时应逐项检查设计要求是否全部满足。

表 1-34　简单抢答显示程序 I/O 分配表

输入装置	元件号	输出装置	元件号
按钮 SB_1	X0	灯 HL_1	Y0
按钮 SB_2	X1	灯 HL_2	Y1
按钮 SB_3	X2	灯 HL_3	Y2
开关 SW	X3		

4）带防相间短路的三相异步电动机的正反转控制电路设计。主电路与常规的接触器控

制电路相同，为了有效的消除电弧造成的相间短路事故，要求从正转到反转或从反转到正转都需经过 0.5s 的延时。请列出 I/O 分配表和 I/O 的硬件接线图，设计梯形图，输入程序并进行调试和运行。

4. 预习要求

1）熟悉 FX-20P-E 和编程软件 SWOPC-FXGP/WIN-C（或 GX Developer）的使用。

2）复习教材中有关部分的内容，同时仔细阅读本实验所写的内容，理解本实验所用的梯形图的工作原理，写出各梯形图所对应的指令表程序。

3）了解和熟悉应用可编程序控制器实现控制的步骤。

4）了解 PLC 实验板的结构。

5. 实验报告要求

1）写出本实验所用的各梯形图所对应的指令表程序。

2）整理出模拟运行各程序时观察到的各种现象和数据。

3）设计出简单抢答显示程序和带防相间短路的三相异步电动机的正反转控制电路的梯形图及其对应的指令表程序。

6. 思考题

1）可编程序控制器的编程步骤有哪些？

2）不用编程器或编程软件，要随时修改带防相间短路的三相异步电动机的正反转控制电路的延时时间，又要如何设计梯形图？

第 2 部分　电子技术实验

模拟电子技术实验

2.1　电子仪器使用及晶体管测试

1. 实验目的

1）学习使用示波器、信号发生器、毫伏表、万用表等常用实验仪器。掌握用示波器观察、测量交流信号的幅值、周期、频率等参数的方法。

2）熟悉二极管、晶体管的测量方法。

2. 知识要点

（1）各种实验仪器的功能及与实验电路之间的连接关系

1）直流稳压电源：提供直流电源（将交流电转换为直流电）。

2）信号发生器：又称函数发生器，它就是一个信号源（类比电压源或电流源），是输出各种电子信号的仪器。可以输出常用波形如正弦波、锯齿波、方波等，还有一类专用的脉冲信号发生器可以输出各种标准脉冲波形；智能化的频率合成器可以输出任意波形。

3）示波器：示波器分为模拟示波器和数字示波器。模拟示波器主要是由示波管（CTR）及其显示电路、垂直偏转系统（Y 轴信号通道）、水平偏转系统（X 轴信号通道）和标准信号发生器、稳压电源等几大部分组成。它可以直接测量信号电压，由电子枪发射的电子束直接射向荧光屏幕。被测信号电压作用在 Y 轴偏转板上，X 轴偏转板上作用着锯齿波扫描电压。通过作用在这两个偏转板上的电压控制着从阴极发射过来的电子束在垂直方向和水平方向的偏转，使得荧光屏上显示出随时间变化的信号曲线。数字示波器通过模数转换器把被测信号转换为数字信号，它采集波形的一系列样值，对这些样值进行存储，直到描绘出波形为止。其中模拟示波器与数字示波器均有一些其他不同的详细分类，各类实验室配备的示波器不同，根据实际情况操作。

此外，双踪示波器可以同时显示两路信号的波形。根据显示的刻度可以测量信号的幅值和周期，还可以比较两路信号的相位。

4）毫伏表：一般万用表的交流电压档只能测量 1 伏以上的交流电压，而且测量交流电压的频率一般不超过 1kHz。而毫伏表测量的正弦交流电压范围可以扩展到毫伏级，测量的频率范围也大大扩展。而且可以比较精确地测量交流信号的电压有效值。

5）万用表：万用表又称为复用表、多用表、三用表、繁用表等，是电工和电子等部门不可缺少的测量仪表，一般以测量电压、电流和电阻为主要目的。万用表按显示方式分为指针万用表和数字万用表。万用表是一种多功能、多量程的测量仪表，一般万用表可测量直流电流、直流电压、交流电压、电阻和音频电平等，有的还可以测交流电流、电容量、电感量

.

及半导体的一些参数（如 β）等。

各实验仪器与实验电路的连接如图 2-1 所示。

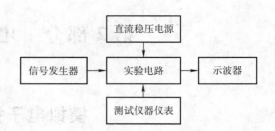

图 2-1　实验仪器与实验电路之间的连接关系

（2）测量交流信号波形的幅值、周期、频率

1）示波器的使用

① 熟悉各旋钮的功能和作用。

② 交流信号波形的幅值测量：在图 2-2 中，如果 "VOLTS/div（格）" 为 1V/div（格），峰-峰之间高度为 6div，计算方法为：$U_{P-P} = 1V/div \times 6div = 6V$，如果探头为 10:1，实际值为 $U_{P-P} = 60V$。此时 "VOLTS/div" 的 "微调" 旋钮应置于 "校准" 位置。

③ 交流信号波形的周期、频率测量：在图 2-3 中，在屏幕上一个周期为 4div。如果 "扫描时间" 为 1ms/div，周期 $T = 1ms/div \times 4div = 4ms$。由此可得频率 $f = 1/4ms = 250Hz$。此时扫描时间的 "微调" 旋钮应置于 "校准" 位置。

2）信号发生器的使用。调节 "波形选择" 开关可选择输出信号波形（正弦波、方波、三角波）。调节 "频率范围" 开关，配合 "频率微调" 旋钮可调出信号发生器输出频率范围内任意一种频率，LED 显示窗口将显示出相应频率值。调节 "输出衰减" 开关和 "幅度调节" 旋钮可得到所需要的输出电压。

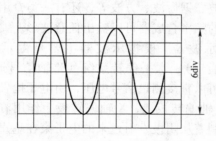

图 2-2　电压测量

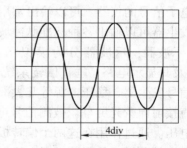

图 2-3　周期和频率测量

3）毫伏表的使用。表盘电压标度尺共有 0~10 和 0~3 两条，量程有 1mV、3mV、10mV、30mV、100mV、300mV 和 1V、3V、10V、30V、300V 共 11 档。测量电压时以 "1" 开头的量程读 0~10 的电压标度尺，以 "3" 开头的量程读 0~3 的电压标度尺，然后乘以相应的倍率。

3. 实验内容与要求

（1）信号的观察与测量　将信号发生器的输出与示波器、毫伏表相连接，如图 2-4 所示。

首先将双踪示波器电源接通 1~2min，将示波器旋钮开关置于如下位置："通道选择" 选择 "CH1"，"触发源" 选择 "内触发"，"触发方式" 选择 "自动"，"DC，⊥，AC" 开关于 "AC"，

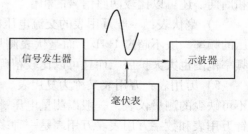

图 2-4　信号的测量

"VOLT/div" 开关在 "0.2V/div" 档，"微调" 置于 "校准" 位置，"扫描时间" 开关在 "0.2ms/div" 档，将 "CH1 通道的测试探头接校准信号输出端，此时示波器屏幕上应显示的幅度为 1V、周期为 1ms 的方波。如无波形或波形位置不合适，调节 "X 轴位移"、"Y 轴位移" 使波形位于显示屏幕中央位置，调节 "辉度"、"聚焦" 使显示屏幕上的波形细而清晰，亮度适中。

然后，调节信号发生器使其输出信号分别为：$U_1 = 0.1V$、$f_1 = 500Hz$；$U_2 = 2V$、$f_2 = 1000Hz$；$U_3 = 10mV$、$f_3 = 1500Hz$ 的正弦波。用晶体管毫伏表测量信号发生器的输出电压、用示波器观察并测量各信号电压及频率值。测试数据填入表 2-1 中。

表 2-1　仪器使用中的测量数据

晶体管毫伏表读出的电压	0.1V	2.0V	10mV
信号发生器产生的信号频率/Hz	500	1000	1500
示波器（VOLT/div）档位值×峰-峰波形格数			
峰-峰值电压 U_{P-P}/V			
计算有效值/V			
示波器（Time/div）档位值×周期格数			
信号周期 T			
$f = 1/T$			

（2）常用电子元器件的测量

1）二极管的测量

① 用万用表的测量二极管的管脚，是根据二极管的单向导电特性。如采用指针式万用表（万用表的红、黑表笔实际上分别接在表内电源的负极和正极），可直接用 "Ω" 档，量程应置于 ×10 或 ×1k 档，用红、黑表笔分别接二极管的两个极，如图 2-5 所示，观察指针的偏转情况，然后交换红、黑表笔再测一次。若两次测量呈现的电阻有明显差异，说明二极管是好的。在测量中，呈现电阻较小时，黑表笔接触的管脚是二极管的阳极。

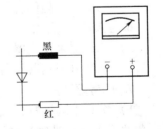

图 2-5　用万用表测量二极管

② 如采用数字万用表，可直接用 "二极管" 档，测量二极管的正、反向电阻，注意红、黑表笔分别接在万用表内部电源的正极和负极（与指针式万用表相反），即呈现电阻较小时，红表笔所接管脚为阳极。

2）晶体管的简易测量。晶体管可以等效为两个串接的二极管，见图 2-6a。先按测量二极管的方法确定基极，由此也可确定晶体管的类型（PNP、NPN）。指针式万用表判断晶体管的发射极和集电极是利用了晶体管的电流放大特性，测试原理见图2-6b，如被测晶体管是 NPN 型管，先设一个极为集电极，与万用表的黑表笔相连，用红表笔接另一个电极，观察好指针的偏转大小。然后用人体电阻代替图2-6b 中的 R_B，用手指捏住 C 和 B 极，C 和 B 不要碰在一起，再观察指针的偏转大小，若此时偏转角度比第一次大，说明假设正确。若区别不大，需再重新假设。PNP 型管的判别方法与 NPN 型管相同但极性相反。

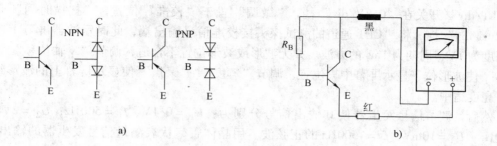

图 2-6 晶体管的简易测量

a）晶体管等效为两个二极管 b）晶体管的测量原理

4. 预习要求

1）阅读附录中有关部分，熟悉各种仪器的功能、使用方法和面板上各旋钮的作用。

2）预习二极管、晶体管的型号、结构和特点。

3）明确实验内容及要求，画好记录表格。

5. 实验器材与仪器

1）双踪示波器：可以同时测量和观察两路信号的波形，测量电路信号波形的幅值、周期等参数。

2）信号发生器：用于产生幅值和频率可调的交流信号（正弦波、方波、三角波）。

3）毫伏表：用于测量交流信号电压有效值。

4）万用表：用于测量交流和直流电压、电流、电阻等。某些万用表还可以测量晶体管、二极管、电容和频率等。

5）二极管、晶体管若干。

6. 实验报告要求

1）总结信号发生器、示波器、晶体管毫伏表等仪器设备的使用方法及各旋钮的功能。

2）总结电子元器件的测量方法。

7. 思考题

1）实验中测量较高频率的交流信号时用晶体管毫伏表，为什么不使用万用表？方波、三角波是否能用晶体管毫伏表测量？

2）示波器测量信号周期、幅度时，如何才能保证其测量精度？

3）示波器观察波形时，下列要求，应调节哪些旋钮？

移动波形位置；波形稳定；改变周期个数；改变显示幅度；测量直流电压。

2.2 晶体管共射放大电路

1. 实验目的

1）掌握晶体管放大电路的静态工作点、电压放大倍数、输入电阻和输出电阻以及频率特性的测量方法。

2）观察静态工作点的变化对电压放大倍数和输出波形的影响。

3）进一步掌握示波器、信号发生器、毫伏表及万用表的使用方法。

2. 知识要点

1）共射放大电路的种类和特点：基本共射电路和分压式共射电路各自的特点、计算静态工作点和交流参数的方法。

2）静态工作点的设置、测量和调整：为获得最大不失真输出电压，静态工作点 Q 应选在交流负载线中点。静态时，$U_{CEQ} \approx V_{CC}/2$。如何用万用表测量 Q 点，如 Q 点不合适应如何调整？

3）波形及失真情况的观察、交流参数（A_u、R_i、R_o）的测量。

4）输入电阻输出电阻测量方法

$$R_o = \left(\frac{u'_o}{u_o} - 1 \right) R_L, \quad R_i = \frac{u_i}{u_s - u_i} R_s$$

式中，u_o 为带负载时的输出电压；u'_o 为空载时的输出电压。

5）频率特性的测量。

6）对以上参数理论值的计算，与测量值的比较及误差分析。

3. 实验电路

本实验电路给出的元器件参数参考值：
$R_B = 10\text{k}\Omega$（   ），$R_P = 330\text{k}\Omega$（   ），
$R_{B2} = 15\text{k}\Omega$（   ），$R_C = R_L = 3\text{k}\Omega$（   ），
$R_E = 1\text{k}\Omega$（   ），$C_1 = C_2 = 10\mu\text{F}$（   ），
$C_E = 47\mu\text{F}$（   ），$\beta = 60 \sim 80$（   ），
$V_{CC} = 12 \sim 15\text{V}$（   ）。（括号内可填写实际参数值，以下同。）

实验参考电路可选择分压式共射电路（见图2-7）或基本共射电路（见图 2-8b），按图及参考元件参数接好电路。可取如上参考值，检查无误后接通直流电源。

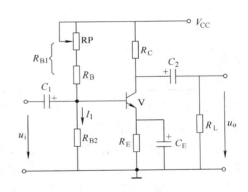

图 2-7   分压式共射放大电路

4. 实验内容

（1）测量静态工作点及交流参数

1）测量静态工作点。调节 RP，同时用万用表的直流电压档测量 U_{CEQ}、U_{BQ}、U_{CQ}，使 U_{UEQ} 等于或略大于 $V_{CC}/2$。计算 $I_{CQ} = （V_{CC} - U_{CQ}）/R_C$，将测量和计算数据填入表2-2中。

2）测量电压放大倍数 A_u。调节信号发生器使输出电压为 $8 \sim 15\text{mV}$、频率为 1000Hz 左右的正弦交流信号，接入到放大电路的输入端作为放大电路的输入信号 u_i。

用示波器观察放大电路的输出（u_o）的波形，当 u_o 为不失真的信号时，用毫伏表测量 u_i、u_o，计算电压放大倍数（$A_u = u_o/u_i$）并填入表2-2中。

3）测量输入和输出电阻

① 测量输入电阻 R_i。在放大电路与输入信号之间串入一个固定电阻 R_S（$3\text{k}\Omega$），用毫伏表测量 u_S、u_i 的值并按下式计算 R_i 的值。

$$R_i = \frac{u_i}{u_S - u_i} R_S$$

② 测量输出电阻 R_o。测量空载时的输出电压 u_o 和带负载（$R_L = 3\text{k}\Omega$）时的输出电压

u'_o，按下式计算 R'_o 的值。

$$R_o = \left(\frac{u'_o}{u_o} - 1 \right) R_L$$

将测量结果记入表 2-2 中。

4）测量频率特性。调节信号发生器、改变输入信号的频率，同时用示波器观察输出信号的波形、用毫伏表测量输出信号的有效值。

逐渐减小输入信号的频率，直到 A_u 降为中频时的 0.7 左右，记录这时的频率 f_L，填入表 2-2 中。用示波器观察输入、输出信号的相位关系。

逐渐增加输入信号的频率，直到 A_u 降为中频时的 0.7 左右，记录这时的频率 f_H，填入表 2-2 中。用示波器观察输入、输出信号的相位关系。

绘制幅-频和相-频特性图（伯德图）。

表 2-2   工作点合适时的静态与动态数据

	U_B/V	U_{CEQ}/V	I_{CQ}/mA	A_u	R_i/Ω	R_o/Ω	f_L/kHz	f_H/kHz
理论值								
仿真值								
测量值								
误差								

（2）观察工作点变化对输出波形的影响

1）逐渐减小 RP 的阻值，观察 u_o 的变化，当出现明显失真时，测量或计算静态工作点 U_{CQ}、U_{BQ}、I_{CQ}。画出输出波形，说明出现何种失真？

2）逐渐增大 RP 的阻值，观察 u_o 的变化。当出现明显失真时，测量此时的静态工作点 U_{CQ}、U_{BQ}、I_{CQ}。画出输出波形，说明出现何种失真？

以上测量数据、波形填入表 2-3 中，并加以分析说明。

表 2-3   工作点变化的测量数据和输出波形

	U_B	U_{CEQ}	I_{CQ}	u_o 波形	说明
R_P 最大					
R_P 最小					

5. 预习要求

1）共射放大电路中有关静态和动态性能的基本内容。

2）计算有关数据（U_B、U_{CEQ}、I_{CQ}、A_u、R_i、R_o）的理论值，填入有关表中。

3）用电路分析软件（EWB 或 Multisim）仿真，将仿真值填入有关表中。

4）常用实验仪器的功能和使用方法。

5）对各思考题做初步回答。

6）根据以上要求写出预习报告。

6. 实验器材与仪器

实验电路板、示波器、信号发生器、毫伏表、万用表、直流稳压电源。

7. 实验报告要求

1）实验目的、实验电路及实验过程。

2）理论值计算与仿真值，实验数据及误差分析。

3）实验中出现的问题、解决方法、体会等。

4）回答思考题。

8. 思考题

1）电路中 C_1、C_2 的作用如何？

2）负载电阻的变化对静态工作点有无影响？对电压放大倍数有无影响？

3）饱和失真和截止失真是怎样产生的？如果输出波形既出现饱和失真又出现截止失真是否说明静态工作点设置不合理？

2.3 射极输出器的研究

1. 实验目的

1）熟悉射极输出器的组成和电路特点。

2）理解射极输出器在多级放大电路中的作用。

2. 知识要点

1）射极输出器的参数测量，特点（$A_u \approx 1$、R_i 较大、R_o 较小）。

2）射极输出器在多级放大电路中的作用。

3. 实验电路

图 2-8a 为共集放大电路（射极输出器），图 2-8b 基本共射放大电路。也可选择分压式共射电路，如图 2-7 所示。图 2-8c 为负载。

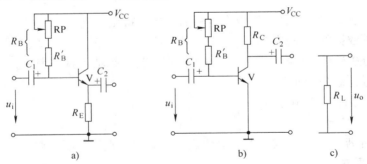

图 2-8 共集放大电路与基本共射放大电路

a）共集放大电路 b）基本共射放大电路 c）负载

本实验电路给出的元器件参数参考值：$V_{CC} = 12 \sim 15\text{V}$（　　），$R_B = 400 \sim 800\text{k}\Omega$（　　），$R_E = 1 \sim 2\text{k}\Omega$（　　），$R_C = R_L = 2 \sim 4\text{k}\Omega$（　　），$\beta = 60 \sim 80$（　　）

4. 实验内容

（1）射极输出器参数测量

1）测量静态工作点。调整共集放大电路的 RP、使 Q 点合适（$U_{CEQ} \approx V_{CC}/2$）。

2）测量交流参数。加入信号 U_i（$0.1 \sim 1$）V、1000Hz、通过示波器观察，得到不失真的输出波形。用毫伏表测量 U_i、U_o，计算 A_u。

测量输入电阻 R_i 和输出电阻 R_o（方法见实验 2.2）。以上数据填入表 2-4 中。

表 2-4　射极输出器实验数据

	U_i	U_o	A_u	R_i/Ω	R_o/Ω
理论值					
仿真值					
测量值					

（2）组成多级放大电路的参数测量

1）调整基本共射放大电路，使静态工作点合适。

2）按照"共集→共射→负载"的顺序连接为两级放大电路，加入信号 U_i（10～15mV、1000Hz），测量总的 A_u，填入表 2-5 中。

3）按"共射→共集→负载"的顺序连接为两级放大电路，输入信号不变，重新测量总的 A_u，填入表 2-5。

表 2-5　多级放大电路实验数据

	共集→共射→负载					共射→共集→负载				
	U_i	U_o	A_u	R_i/Ω	R_o/Ω	U_i	U_o	A_u	R_i/Ω	R_o/Ω
理论值										
仿真值										
测量值										

5. 预习要求

1）共集电路、共射电路及多级放大电路的组成、特点。

2）计算有关数据的理论值（U_{CEQ}、A_u、R_i、R_o）。

3）用电路分析软件（EWB 或 Multisim）仿真并将结果填入有关表中。

4）对各思考题做初步回答。

5）根据以上要求写出预习报告。

6. 实验器材与仪器

实验电路、示波器、信号发生器、毫伏表、万用表、直流稳压电源。

7. 实验报告要求

1）实验目的、实验电路及实验过程。

2）理论值计算与仿真值，实验数据及误差分析。

3）实验中出现的问题、解决方法、体会等。

4）回答思考题。

8. 思考题

射极输出器对多级放大电路的 A_u、R_i、R_o 分别有何影响？

2.4　多级放大与负反馈的研究

1. 实验目的

1）熟悉多级放大电路的组成参数测量。

2）理解负反馈在放大电路中的影响。

2. 知识要点

1）多级放大电路的组成、理论值计算、参数测量。

2）引入负反馈对多级放大电路性能的影响。

3. 实验电路

实验参考电路如图 2-9 所示。

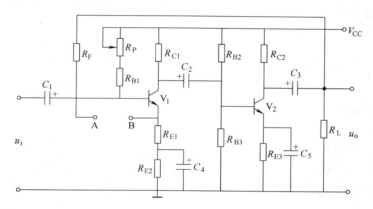

图 2-9　电压串联负反馈放大电路

本实验电路给出的元器件参数参考值：$R_F = 10\text{k}\Omega$（　　），$R_{B1} = 10\text{k}\Omega$（　　），$R_P = 1\text{M}\Omega$（　　），$R_{B2} = 10\text{k}\Omega$（　　），$R_{B3} = 4.7\text{k}\Omega$（　　），$R_{C1} = R_{C2} = 2\text{k}\Omega$（　　），$R_{E1} = 100\Omega$（　　），$R_{E2} = 2\text{k}\Omega$（　　），$R_{E3} = 2\text{k}\Omega$（　　），$R_L = 4.7\text{k}\Omega$（　　），$C_1 = C_2 = C_4 = 10\mu\text{F}$（　　），$C_3 = C_5 = 47\mu\text{F}$（　　），$\beta_1 = \beta_2 = 60 \sim 80$（　　），$V_{CC} = 12\text{V}$（　　）。

4. 实验内容及要求

（1）测量开环状态下基本放大电路的性能

按图 2-9 连接电路，检查无误后接通电源，调节并测量静态工作点使之合适。

1）A_u 的测量。加入输入信号 $u_i \leqslant 5\text{mV}$、$f = 1000\text{Hz}$，测量 u_i、u_o，并计算 A_u。

2）R_i 和 R_o 的测量。方法与实验 2.2 中方法相同，取 $R_S = R_L = 4.7\text{k}\Omega$。

3）频率特性的测量。在输入电压 u_i 不变的情况下，先后降低和增加输入信号的频率，使输出电压下降至原来输出电压的 70.7%，此时输入信号的频率即为下限频率 f_L 和上限频率 f_H，通频带宽度为 $f_H - f_L$。

（2）测量闭环状态下负反馈放大电路的性能

1）A_{uf} 的测量。将 A 与 B 连接，构成电压串联负反馈。加入 u_i，测量 u_o、计算 A_{uf}。

2）R_{if} 和 R_{of} 的测量。与开环状态下输入、输出电阻的测量方法相同。

3）f_{Lf} 和 f_{Hf} 的测量。与开环状态下频率特性的测量方法相同。

以上理论计算和测量数据填入表 2-6 中。

表 2-6 负反馈放大电路实验数据

	电压放大倍数		输入电阻	输出电阻	上限频率	下限频率
开环	理论值 $A_u =$	$R_i =$	$R_o =$	$f_H =$	$f_L =$
	实际值 $A_u =$				
电压串联 负反馈	理论值 $A_{uf} =$	$R_{if} =$	$R_{of} =$	$f_{Hf} =$	$f_{Lf} =$
	实际值 $A_{uf} =$				

5. 预习要求

1）负反馈放大电路的工作原理及负反馈对放大电路性能的影响。

2）对各思考题做初步回答。

3）用电路分析软件（EWB 或 Multisim）仿真。

4）对动态和静态有关参数进行理论计算。

5）写出预习报告或设计报告。

6. 实验器材与仪器

实验电路板、示波器、信号发生器、毫伏表、万用表、直流稳压电源。

7. 实验报告要求

1）实验目的、电路、过程。

2）总结电压串联负反馈对放大电路性能和指标的影响。

3）计算电压放大倍数 A_u、A_{uf}，并与实测值相比较，分析误差原因。

4）总结实验中用到的测量方法。

8. 思考题

1）根据实验测试结果，分析电压串联型负反馈有什么特点？哪些指标得到了改善？应在什么情况下采用？

2）负反馈放大电路的反馈深度是否越大越好？为什么？

2.5 场效应晶体管放大电路

1. 实验目的

1）熟悉场效应晶体管放大电路的组成和场效应晶体管放大电路参数测量的方法。

2）进一步熟悉场效应晶体管放大电路的特点。

2. 知识要点

场效应晶体管是一种电压控制器件，通过 G-S 间电压控制电流 I_D。具有输入电阻大的特点。结型（或绝缘栅型）场效应晶体管放大电路的理论值计算、参数测量及特点。

3. 实验电路

图 2-10 为共源极放大电路，其中图 2-10a 为自给偏压（N 沟道结型）放大电路、图 2-10b 为分压式偏置（N 沟道增强型 MOS 管）放大电路，可选其一。

本实验电路给出的元器件参数参考值：$V_{DD} = 12 \sim 15V$（　　　），$R_g = 2 \sim 10M\Omega$（　　　），$R_{g1} = 100k\Omega$（　　　），$R_{g2} = 300k\Omega$（　　　），$R_{g3} = 2M\Omega$（　　　），$R_S = 1 \sim 2k\Omega$（　　　），

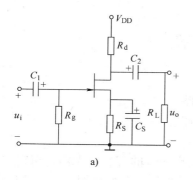 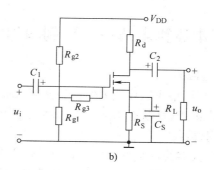

图 2-10　场效应晶体管放大电路

a）自给偏压的 N 沟道结型放大电路　b）分压式偏置（N 沟道增强型 MOS 管）放大电路

$R_L = 5 \sim 10\text{k}\Omega$（　　），$C_1 = C_2 = 10\mu\text{F}$（　　），$C_S = 47\mu\text{F}$（　　）。

4. 实验内容

1）按要求选择并连接电路，调整电阻参数，使 Q 点合适（$U_{DSQ} \approx V_{DD}/2$）、测量 U_{GSQ}。

2）测量电压放大倍数 A_u。

3）测量输入电阻 R_i。

将以上实验数据及理论值填入表 2-7 中。

表 2-7　场效应晶体管放大电路实验数据

	U_{GSQ}/V	U_{DSQ}/V	A_u	$R_i/\text{k}\Omega$
理论值				
仿真值				
测量值				

5. 预习要求

1）熟悉所选实验电路的结构、参数计算方法。

2）计算理论值并填入表中。

3）用电路分析软件（EWB 或 Multisim）仿真，将仿真值填入有关表中。

6. 实验器材与仪器

实验电路、示波器、信号发生器、毫伏表、万用表、直流稳压电源。

7. 报告要求

1）实验目的、实验电路及实验过程。

2）理论值计算与仿真值，实验数据及误差分析。

3）实验中出现的问题、解决方法、体会等。

4）回答思考题。

8. 思考题

1）与双极型晶体管组成的放大电路相比，场效应晶体管放大电路有何特点？

2）两种场效应晶体管放大电路的区别？

2.6 基本运算电路——比例和加减运算

1. 实验目的

1）掌握用集成运算放大器组成比例、求和电路的方法。

2）加深对线性状态下运算放大器工作特点的理解。

2. 知识要点

运算放大器线性组件是一个具有高输入阻抗、高增益的直流放大器，当它与外部电阻、电容等构成负反馈后，就可组成种类繁多的应用运算电路，包括比例运算、求和运算、加减混合运算等。

3. 实验电路

实验电路见图 2-11。

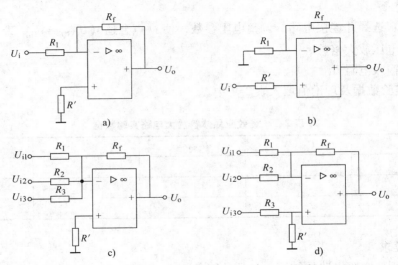

图 2-11　比例运算放大电路

a）反相比例运算　b）同相比例运算　c）反相求和运算　d）加减混合运算

4. 实验内容及要求

选择集成运放芯片，确定各电阻并连接电路，电阻一般选择 $10 \sim 100 k\Omega$，同时注意电阻 R' 的选择应满足输入电阻平衡。调零后，加入直流信号 U_i，用万用表测量输出电压 U_o。将测量值与理论值比较，计算相对误差。

1）反相比例运算。按图 2-11a 连接电路，输入 3 种不同幅值的 U_i，测量 U_o，将测量结果和计算值填入表 2-8 中。

2）同相比例运算。按图 2-11b 连接电路，对电路进行调零。输入 3 种不同幅值的 U_i，测量 U_o，将测量结果和计算值填入表 2-8 中。

3）反相求和运算。按图 2-11c 连接电路，对电路进行调零。按表 2-9 要求输入 3 组幅值不同的信号，分别测量输出值，并与理论值比较，计算误差，填入表 2-9 中。

表 2-8　比例运算计算与测试数据

	U_i/mV	U_o/mV			
		仿真值	测量值	理论值	误差（%）
反相比例运算	100				
	500				
	1000				
同相比例运算	100				
	500				
	1000				

4）加减混合运算。按图 2-11d 连接电路，对电路进行调零。按表 2-9 要求输入 3 组幅值不同的信号，分别测量输出值，并与理论值比较，计算误差，填入表 2-9 中。

表 2-9　加减运算计算与测试数据

		输入信号 U_i/mV			输出信号 U_o/mV		
		U_{i1}	U_{i2}	U_{i3}	测量值	理论值	误差（%）
反相求和运算	第一组	100	200	400			
	第二组	200	300	200			
	第三组	400	100	300			
加减混和运算	第一组	100	200	400			
	第二组	400	300	200			
	第三组	200	400	100			

5. 预习要求

1）相关电路的工作原理和分析方法。

2）计算实验电路的理论值。

3）所选集成运放的管脚排列与功能。

4）用电路分析软件（EWB 或 Multisim）仿真。

6. 实验器材与仪器

实验电路板、直流稳压电源、直流信号源、万用表。

7. 实验报告要求

1）绘制表格，整理测量数据填入表格。

2）计算理论值并与实测值比较，分析误差原因。

3）对各实验电路进行仿真。

8. 思考题

1）实验中为何要对电路预先调零？不调零对电路有什么影响？

2）在上述运算电路中为什么要求两输入端所接电阻满足平衡？

2.7 基本运算电路——积分和微分运算

1. 实验目的
1）学习用运算放大器组成积分、微分电路的方法，加深运算放大器用于波形变换作用的概念。

2）进一步熟悉幅值测量及分析误差的方法和能力。

2. 知识要点
在运算电路中，可以利用电容器实现积分或微分运算，通过运算也可以实现波形变换的作用。积分电路、微分电路的输出输入电压关系是

$$u_o = -\frac{1}{R_1 C}\int u_i \mathrm{d}t \qquad u_o = -R_f C_1 \frac{\mathrm{d}u_i}{\mathrm{d}t}$$

3. 实验电路
实验参考电路见图 2-12。其中图 2-12a 为积分运算电路，积分电容 C 两端并接了反馈电阻 R_f，其目的是减小运算放大器输出端的直流漂移，但是 R_f 的存在将影响积分器的线性关系。图 2-12b 为微分运算电路，其中反馈电阻两端并接一个小电容 C_2，其作用是为了降低高频噪声对电路的影响。

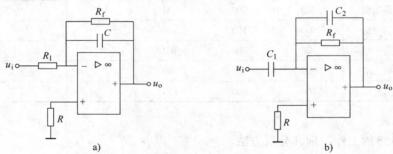

图 2-12 积分、微分电路

a）积分电路 b）微分电路

本实验给出的元器件参数参考值：$R_1 = R_2 = 10\mathrm{k}\Omega$（　　），$R_f = 200\mathrm{k}\Omega$（　　），$C = 0.1\mu\mathrm{F}$（　　），$R = R_f = 10\mathrm{k}\Omega$（　　），$C_1 = 0.1\mu\mathrm{F}$（　　），$C_2 = 1000\mathrm{pF}$（　　）

4. 实验内容及要求
（1）积分电路实验

1）按图 2-12a 连接电路，首先对电路进行调零：输入端接地，调整调零电位器，使输出电压 u_o 为零。

2）由信号发生器输入一个方波信号（$u_{iP-P} = 10\mathrm{V}$、$f = 250\mathrm{Hz}$）。用双踪示波器同时观察 u_i 和 u_o，记录波形。用示波器测量输出信号的峰-峰值 u_{oP-P} 和周期 T，并与理论值比较，计算相对误差。

3）将 R_f 断开，观察输出波形 u_o 有何变化并记录。

4）由信号发生器输入一个正弦波信号（有效值 $u_i = 1\mathrm{V}$、$f = 250\mathrm{Hz}$）。用双踪示波器同

时观察 u_i 和 u_o, 绘制波形。

（2）微分电路实验

1）按图 2-12b 连接电路, 然后对电路进行调零。

2）由信号发生器输入一个三角波信号（$u_{iP-P} = 5V$、$f = 250Hz$）。用双踪示波器同时观察 u_i 和 u_o, 测量输出信号的峰-峰值 u_{oP-P} 和周期 T, 绘制输入、输出波形。

3）由信号发生器输入一个方波信号（$u_{iP-P} = 5V$、$f = 250Hz$）。用双踪示波器同时观察 u_i 和 u_o, 绘制波形。

4）由信号发生器输入一个正弦波信号（有效值 $u_i = 1V$、$f = 250Hz$）。用双踪示波器同时观察 u_i 和 u_o, 绘制波形。改变输入信号的频率, 注意相位关系的变化。

（3）积分—微分电路

1）将积分电路输出端与微分电路的输入端相接, 积分电路输入端加方波信号（$u_{iP-P} = 10V$、$f = 200Hz$）。

2）用示波器观察 u_{o1} 和 u_{o2} 的波形, 并且测量幅值, 绘制输入输出波形。

5. 预习要求

1）积分与微分电路的工作原理。

2）计算有关理论值、绘制理想状态下的输出波形。

3）用电路分析软件（EWB 或 Multisim）仿真, 绘制仿真波形。

6. 实验器材与仪器

实验电路板、示波器、信号发生器、毫伏表、直流稳压电源、万用表。

7. 实验报告要求

1）自拟实验报告表格, 绘制所有输出、输入波形。

2）按要求计算理论值, 与测量值比较后计算相对误差, 分析误差原因。

8. 思考题

1）在积分电路中 R_f 起什么作用? R_f 太大或太小对电路有何影响?

2）在积分时间常数一定的情况下, 积分电容 C 的大小对信号的影响如何?

2.8　测量放大器

1. 实验目的

1）熟悉测量放大器（又称为仪表放大器或精密放大器）的工作原理和特点。

2）进一步熟悉运算放大器的使用方法。

2. 知识要点

在测量系统中, 被测物理量通过传感器产生电信号, 由于电信号通常较微弱及测量精密度的要求, 应采用精密放大电路, 多用于仪表电路中。

考虑测量对象不同导致传感器的输出电阻（相当于信号源内阻 R_S）的不确定性, 所以要求放大电路的输入电阻 $R_i \gg R_S$, 可以保证放大器对不同幅值的输入信号的放大倍数基本稳定, 所以输入电路采用串联反馈的形式。

由于被测信号可能包含较大的共模部分, 有时甚至超过差模信号, 所以必须对共模信号有较强的抑制作用, 所以采用差动输入的形式。

3. 实验电路

实验电路如图 2-13 所示。

本实验电路给出的元器件参数参考值：$R_1 = 36\text{k}\Omega$（　　），$R_2 = 24\text{k}\Omega$（　　），$R = 10\text{k}\Omega$（　　），$R_f = 51\text{k}\Omega$（　　）。

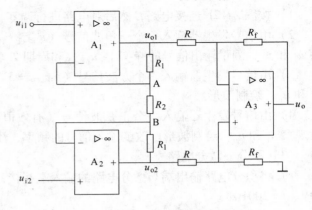

图 2-13　测量放大器

该电路的电压关系如下：

因电路存在"虚短"和"虚断"，所以 $u_{i1} = u_A$、$u_{i2} = u_B$。

则

$$u_{i1} - u_{i2} = \frac{R_2}{2R_1 + R_2}(u_{o1} - u_{o2})$$

即

$$u_{o1} - u_{o2} = \left(1 + \frac{2R_1}{R_2}\right)(u_{i1} - u_{i2})$$

所以输出电压

$$u_o = -\frac{R_f}{R}(u_{o1} - u_{o2}) = -\frac{R_f}{R}\left(1 + \frac{2R_1}{R_2}\right)(u_{i1} - u_{i2})$$

如设 $u_{id} = u_{i1} - u_{i2}$

则

$$u_o = -\frac{R_f}{R}\left(1 + \frac{2R_1}{R_2}\right)u_{id} = -\frac{51}{10}\left(1 + \frac{2 \times 36}{24}\right)u_{id} = -20.4u_{id}$$

4. 实验内容与要求

1）测量共模电压放大倍数 A_{uc}

加入 $u_{i1} = u_{i2} = 50\text{mV}$，测量 u_{o1}、u_{o2}、u_o，填入表 2-10 中。

表 2-10　共模电压放大倍数测试数据

u_{i1}、u_{i2}	u_{o1}		u_{o2}		u_o		A_{uc}
	理论值	测量值	理论值	测量值	理论值	测量值	（测量值）
50mV							

2）测量差模电压放大倍数 A_{ud}

加入 $u_{i1} = -u_{i2} = 10\text{mV}$、$50\text{mV}$、$100\text{mV}$，测量 u_{o1}、u_{o2}、u_o，填入表 2-11 中。

表 2-11　差模电压放大倍数测试数据

u_{i1}、$-u_{i2}$	u_{o1}		u_{o2}		u_o		A_{ud}
	理论值	测量值	理论值	测量值	理论值	测量值	（测量值）
50mV							
100mV							
300mV							

3）当共模输入信号和差模输入信号为 50mV 时，计算共模抑制比 K_{CMR} = （　　　）dB。

5. 预习要求

1）电路的工作原理，差模与共模放大的概念。

2）计算实验电路的理论值。

3）用电路分析软件（EWB 或 Multisim）仿真。

6. 实验器材与仪器

实验电路板、万用表、直流稳压电源。

7. 实验报告要求

1）简要说明电路的工作原理。

2）绘制表格，按要求填入理论值和测量值。

3）分析产生误差的原因。

8. 思考题

1）电路如何抑制共模信号？

2）A_1 和 A_2 的对称性对测量结果有何影响？

2.9　有源滤波电路

1. 实验目的

1）利用集成运算放大器、电阻和电容组成低通滤波、高通滤波、带通滤波和带阻滤波，通过测试进一步熟悉它们的幅频特性。

2）了解品质因数 Q 对滤波器的影响。

2. 知识要点

有源滤波的基本概念、原理。

各种类型的滤波器（低通、高通、带通、带阻）的结构，截止频率的计算。

一阶、二阶滤波器的区别、特点。

3. 实验电路

实验参考电路如图 2-14 所示。

本实验电路给出的元器件参数参考值：$R = R_1 = R_f = 10k\Omega$（　　　），$C = 0.1\mu F$（　　　）。

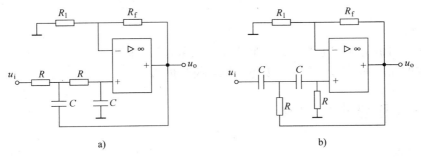

a)　　　　　　　　　　　　　　b)

图 2-14　有源滤波电路

a）二阶压控电压源低通滤波器　b）二阶压控电压源高通滤波器

4. 实验内容及要求

（1）二阶压控电压源低通滤波器幅频特性

1）按图 2-14a 连接好电路，检查无误后接通电源，然后对电路进行调零。

2）在输入端加入正弦信号 u_i。信号的幅值应保证输出电压在整个频带内不失真。调节信号发生器，改变输入信号的频率。测量相应频率点的输出电压值 u_o，并计算各频率点 A_u，将测量和测算结果记入表 2-12 中。

表 2-12　低通滤波器幅频特性

f/Hz	
u_o/V	
$A_u = u_o/u_i$	

3）根据测量数据绘出幅频特性曲线。

（2）二阶压控电压源高通滤波器幅频特性

1）按图 2-14b 连接好电路，检查无误后接通电源，然后对电路进行调零。

2）测试步骤和内容要求与二阶低通滤波器完全相同。将测量和测算结果记入表 2-13 中，并根据测量数据绘出幅频特性曲线。

表 2-13　高通滤波器幅频特性

f/Hz	
u_o/V	
$A_u = u_o/u_i$	

5. 预习要求

1）低通滤波器和高通滤波器的工作原理。

2）根据低通滤波器、高通滤波器的传递函数表达式定性画出幅频特性曲线。

3）用电路分析软件（EWB 或 Multisim）仿真，绘制仿真波形。

6. 实验器材与仪器

实验电路板、示波器、信号发生器、毫伏表、万用表。

7. 实验报告要求

1）总结低通滤波、高通滤波的工作原理及性能特点。

2）整理实验数据，绘制幅频特性曲线，完成实验中的各项计算并分析计算值与实验值不一致的原因。

8. 思考题

1）比较一阶低通滤波电路与二阶低通滤波电路有何不同？

2）试说明品质因数的改变对滤波电路频率特性的影响。

2.10　RC 正弦波振荡电路

1. 实验目的

1）进一步学习 RC 正弦波振荡电路的工作原理。

2）掌握 RC 正弦波振荡频率的调整和测量方法。

2. 知识要点

1）振荡原理及振荡条件。

2）正弦波振荡电路的种类。

3）RC 正弦波振荡电路的组成、工作原理、参数计算。

3. 实验电路

（1）实验参考电路如图 2-15 所示。

本实验电路给出的元器件参数参考值：

$R_1 = R_2 = 2\text{k}\Omega$（　　　），$R_3 = R_4 = 15\text{k}\Omega$

（　　　），$R_P = 10\text{k}\Omega$（　　　），$C_1 = C_2 =$

$0.1\mu\text{F}$（　　　）。

（2）RC 正弦波振荡电路元件参数选取条件

1）振荡频率。在图 2-15 电路中，取

$R_3 = R_4 = R$，$C_1 = C_2 = C$，则电路的振荡频率为

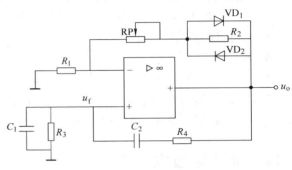

图 2-15　RC 正弦波振荡电路

$$f_0 = \frac{1}{2\pi RC}$$

2）起振幅值条件：

$$A_f = 1 + \frac{R_f}{R_1} \quad \text{应略大于 3（即 } R_f \text{ 应略大于 } 2R_1）$$

式中，$R_f = R_P + R_2 /\!/ R_D$（R_D 为二极管导通电阻）。

3）稳幅电路。实际电路中，一般在负反馈支路中加入由两个相互反接的二极管和一个电阻构成的自动稳幅电路，其目的是利用二极管的动态电阻特性，抵消由于元件误差、温度引起的振荡幅度变化所造成的影响。

4. 实验内容及要求

1）按图 2-15 连接电路，用示波器观察 u_o，调节负反馈电位器 RP（阻值为 R_P），使输出 u_o 产生稳定的不失真的正弦波。

2）通过频率计或示波器测量输出信号的频率 f_0，填入表 2-14 中。

另选一组 R、C，重复上述过程。

表 2-14　RC 正弦波振荡电路振荡频率的计算和测试

	R	C	f_0			误差（%）
			仿真值	测量值	理论值	
第一组数据	15kΩ	0.1μF				
第二组数据						

3）测量反馈系数 F。在振荡电路输出为稳定、不失真的正弦波的条件下，测量 u_o 和 u_f，计算反馈系数 $F = u_f / u_o$。

5. 预习要求

1）RC 振荡电路的工作原理和 f_0 的计算方法。

2）*RC* 振荡电路的起振条件，稳幅电路的工作原理。

3）用电路分析软件（EWB 或 Multisim）仿真，绘制仿真波形。

6. 实验器材与仪器

实验电路板、示波器、万用表、毫伏表、直流稳压电源等。

7. 实验报告要求

1）绘制表格，整理实验数据和理论值填入表中。

2）总结 *RC* 桥式振荡电路的工作原理及分析方法。

3）分析误差原因。

8. 思考题

1）负反馈支路中 VD_1、VD_2 为什么能起到稳幅作用？分析其工作原理。

2）为保证振荡电路正常工作，电路参数应满足哪些条件？

3）振荡频率的变化与电路中的哪些元件有关？

2.11　非正弦波发生电路

1. 实验目的

1）了解集成运放在非正弦波发生电路中的应用。

2）熟悉比较器的工作特点。

3）掌握方波、三角波和方波的频率、幅值和占空比的调节方法。

2. 知识要点

1）通过比较器和延迟环节产生方波；通过积分电路将方波转换为三角波。

2）方波-三角波发生电路的组成和工作原理，由一个比较器和一个积分器组成，当电路中影响充放电时间常数和影响输出幅值的电阻使用可变电阻器时，输出信号的频率、占空比、幅值都是可以调节的。

3）方波输出 u_{o1} 的幅值由稳压管 VS 稳压值决定。三角波的幅值 u_{o2} 可由下式决定：

$$u_{o2} = \frac{R_{P1}}{R_2} U_Z$$

式中，U_Z 为 VS 的稳压值。

4）方波、三角波的振荡频率为

$$f_0 = \frac{R_2}{4R_4 C R_{P1}}, \quad R_4 = \frac{R_{P2}}{2} + R_{P3}$$

5）波形频率、占空比的调节方法。

3. 实验电路

实验参考电路如图 2-16 所示。

本实验电路给出的元器件参数参考值：$R_1 = R_3 = 2\text{k}\Omega$（　　），$R_2 = 82\text{k}\Omega$（　　），$R_{P1} = R_{P2} = R_{P3} = 100\text{k}\Omega$（　　），$C = 0.02\mu\text{F}$（　　），VS 稳压值为 $\pm6\text{V}$。

4. 实验内容及要求

方波、三角波实验

1）按图 2-16 连接电路，接通正、负电源。

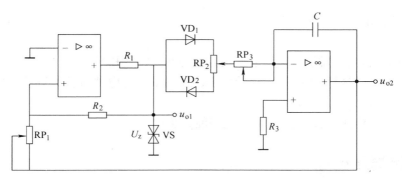

图 2-16　方波、三角波发生电路

2）输出端 u_{o1} 和 u_{o2} 分别接双踪示波器的通道 CH1 和通道 CH2。用示波器观察输出信号，将 RP$_1$（阻值为 R_{P1}）、RP$_2$（阻值为 R_{P2}）和 RP$_3$（阻值为 R_{P3}）分别调到中间位置，使输出为理想的方波和三角波。调节 RP$_1$、使三角波幅值为 ±3V。绘制波形，测量幅值、频率和占空比，与理论值比较，计算误差。填入表 2-15 中。

3）调节 RP_2 至最大和最小，观察波形的变化，绘制波形图，填入表 2-15 中。

表 2-15　波形测量数据

	u_{o1}		u_{o2}			
	幅值/V	波形	频率/Hz	幅值/V	占空比（%）	波形
RP$_2$ 动点在中间						
RP$_2$ 动点在最上						
RP$_2$ 动点在最下						

4）调节 RP$_3$ 至最大和最小，测量频率的变化，与理论值比较，计算误差。填入表 2-16中。

表 2-16　频率测量数据

	频率/Hz			频率误差
	仿真值	测量值	理论值	
RP$_3$ 动点在中间				
RP$_3$ 动点在最上				
RP$_3$ 动点在最下				

5. 预习要求

1）方波、三角波发生电路的工作原理。

2）RP$_1$、RP$_2$ 和 RP$_3$ 的作用及对电路参数的影响，有关理论值计算。

3）用电路分析软件（EWB 或 Multisim）仿真，绘制仿真波形。

6. 实验器材与仪器

实验电路板、示波器、数字万用表、直流稳压电源等。

7. 实验报告要求

1）定性画出各种情况下的输出波形，注明它们之间的相位关系。

2）计算理论值，进行误差分析。

3）总结实验电路的工作原理。

8. 思考题

1）分析比较三角波发生器与锯齿波发生器的共同特点和区别。

2）分析电路中二极管 VD_1、VD_2 的作用，如果没有对电路有什么影响？输出将是什么波形？

3）分析 R_1 的作用。如果没有 R_1，电路能否正常工作？

2.12　直流稳压电源

1. 实验目的

1）验证整流、滤波及稳压电路功能，加深对直流电源原理的理解。

2）学会测量直流稳压电源的稳压系数、电压调整率、电流调整率、纹波系数等技术指标。

3）掌握直流稳压电源的设计方法。

2. 知识要点

1）直流稳压电源的组成：变压器、整流电路、滤波电路、稳压电路。

2）稳压电路的种类：稳压二极管稳压电路、串联型稳压电路、集成稳压器等。

3）有关输出电压参数（平均值、有效值、最大值、稳压系数）的计算。

4）稳压系数 S_r 及电压调整率 S_u 的计算。当负载不变，输出电压相对变化量与输入电压的相对变化量之比称稳压系数。工程上把电网电压波动 10% 作为极限条件，将输出电压的相对变化作为衡量指标，称为电压调整率。

$$S_r = \frac{\Delta U_o / U_o}{\Delta U_i / U_i}\bigg|_{R_L = 常数}, \qquad S_u = \frac{\Delta U_o}{U_o}\bigg|_{R_L = 常数}$$

式中，ΔU_i 为输入电压变化量；ΔU_o 为输出电压变化量。

5）输出电阻 R_o 及电流调整率 S_i 的计算。R_o 表征为输入电压不变，负载变化时，稳压电路输出电压保持稳定的能力。工程上把输出电流 I_o 从零变到额定输出值时，输出电压的相对变化称为电流调整率 S_i。

$$R_o = \frac{\Delta U_o}{\Delta I_o}\bigg|_{U_i = 常数}, \qquad S_i = \frac{\Delta U_o}{U_o}\bigg|_{U_i = 常数}$$

3. 实验电路

1）图 2-17 为二极管全波整流、电容滤波、可调节输出的串联型稳压电路组成的参考电路。

本实验电路给出的元器件参数参考值：$R_1 = 4.7k\Omega$（　　），$R_2 = 10k\Omega$（　　），$R_3 = 33\Omega$（　　），$R_4 = 1k\Omega$（　　），$R_5 = 5.1\Omega$（　　），$R_6 = 510\Omega$（　　），$R_7 = 100\Omega$（　　），$R_8 = 200\Omega$（　　），$R_L = 82\Omega$（　　），$RP_L = 470\Omega$（　　），$R_P = 220\Omega$（　　），$C_1 = 2200\mu F$（　　），$C_2 = 0.01\mu F$（　　），$C_3 = 100\mu F$（　　）。

2）图 2-18 为集成稳压器组成的稳压电路两种稳压电路，其中图 2-18a 为集成稳压器 CW317 构成的可调输出稳压电路，图 2-18b 为利用三端固定式集成稳压器 CW7815（输出

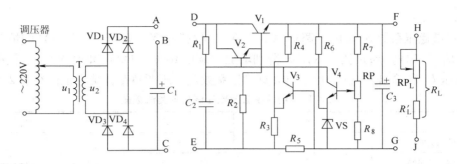

图 2-17　整流滤波及串联型稳压电路

+15V）和 CW7915（输出 −15V）构成的正负输出集成稳压电路，此时电源变压器二次侧应有中间抽头并接地。

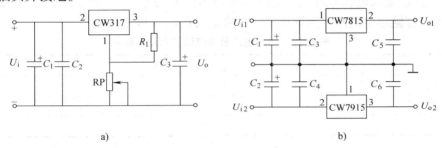

图 2-18　集成稳压器组成的稳压电路

a）输出电压可调稳压电路　b）正负输出电压稳压电路

4. 实验内容及要求

（1）整流滤波电路测试

1）全波整流实验。按图 2-17 电路连线，将整流输出直接接负载（A 接 H、C 接 J）。u_1 接入交流 220V 电网电压，测量变压器二次电压 u_2。负载电阻为 100～500Ω。用示波器观察负载 R_L 两端的波形。用万用表直流电压档测量 U_L 的平均值，计算理论值后，记录在表 2-17 中。

表 2-17　整流滤波测试数据

	$U_{L(AV)}$（平均值）				U_L 的波形
	仿真值	测量值	理论值	误差（%）	
全波整流实验					
整流滤波实验					

2）电容滤波实验：整流后加入滤波电容（将 A 与 B 和 H 相接，C 与 J 相连）。用示波器观察 R_L 两端波形。测量 U_L 的值，计算理论值后，记录在表 2-17 中。

（2）稳压电路测试：整流滤波后接入串联型稳压电路（将 A、B、D 相连接，C 接 E，F 接 H，G 接 J）。稳定电路也可使用图 2-18a 中集成稳压器电路。

1）测量输出电压的范围：电路接通后，调整 RP（220Ω 电位器），测量输出电压 U_L 的调节范围。

2）测量稳压系数 S_r 及电压调整率 S_u：在 R_L 保持不变（取 $200 \sim 300\Omega$）的情况下，调节 RP 使 U_L 为 12V，通过调压器使 u_i 分别增加和减小 10%（242V 和 198V），测量稳压电路的输入电压 U_i 和输出 U_L 的变化。再计算稳压系数及电压调整率，结果记录在表 2-18 中。

表 2-18　稳压系数及电压调整率测试数据

U_i	U_L	S_r	S_u
正常值（220V）			
增加 10%（242V）			
减少 10%（198V）			

3）测量输出电阻 R_o 及电流调整率 S_i：断开负载 R_L，$u_1 = 220V$ 的情况下，调节 RP 使 U_L 为 12V，然后接入负载电阻 R_L，调节负载电阻使 I_o 分别为 25mA、50mA，测量输出电压 $U_{L(AV)}$。再计算输出电阻及电流调整率。结果记录在表 2-19 中。

表 2-19　输出电阻及电流调整率测试数据

I_o	u_L	R_o	S_i
U_i			
R_o			
S_i			

5. 预习要求

1）直流稳压电源各部分的工作原理、波形、参数计算。

2）理论值计算。

6. 实验器材与仪器

实验电路板、变压器、示波器、万用表。

7. 实验报告要求

1）整理测量数据，与理论值比较，进行误差分析。

2）分别绘制整流、滤波波形。

3）回答思考题。

8. 思考题

1）整流二极管和滤波电容应如何选取？

2）如何判断电路的带负载能力？

2.13　模拟电子技术研究性实验

1. 实验目的

1）研究和了解多级放大器的放大倍数和输入、输出电阻。

2）比较多级放大器的第一级分别是晶体管共射极放大电路、场效应晶体管共源极放大电路时的输入电阻，以及它们对放大器性能的影响。

3）比较多级放大器输出级分别采用晶体管共射极放大电路、射极输出器时的输出电阻，以及它们对放大器性能的影响。

2. 知识要点

1）一个阻容耦合多级放大器的输入电阻就是第 1 级的输入电阻，它的输出电阻就是末级的输出电阻。

2）共射极晶体管放大器输入电阻比较小，当信号源内阻比较大时，净输入信号就比较小。而共源极场效应晶体管放大电路输入电阻大，可以避免这一问题。

3）共射极晶体管放大器输出电阻比较大，带负载能力差。而射极输出器输出电阻小，带负载能力强。

3. 实验电路

1）图 2-19 是由 3 个共射极晶体管放大电路组成的多级放大器。

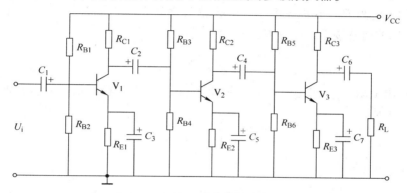

图 2-19　由 3 个共射极晶体管放大电路组成的多级放大器

本实验电路给出的元器件参数参考值：$V_{CC} = 12V$（　　　），$R_{B1} = R_{B3} = R_{B5} = 60k\Omega$（　　　），$R_{B2} = R_{B4} = R_{B6} = 20k\Omega$（　　　），$R_{E1} = R_{E2} = R_{E3} = 1k\Omega$（　　　），$R_{C1} = R_{C2} = R_{C3} = 2k\Omega$（　　　），$\beta = 80 \sim 100$，$C_1 = C_2 = C_3 = C_4 = C_5 = C_6 = C_7 = 1\mu F$

2）图 2-20a 是场效应晶体管共源极放大电路，图 2-20b 是晶体管射极输出器。

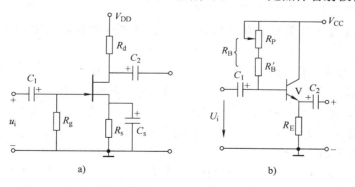

图 2-20　场效应晶体管共源极放大电路和晶体管射极输出器

本实验电路给出的元器件参数参考值：$V_{DD} = 12V$，$V_{CC} = 12V$（　　　），$R_d = 2k\Omega$（　　　），$R_s = 2k\Omega$（　　　），$R'_B = 510k\Omega$（　　　），$R_E = 1k\Omega$（　　　），$\beta = 80 \sim 100$，$C_1 = C_2 = C_S = 1\mu F$

4. 实验内容及要求

（1）由 3 个共射极晶体管放大电路组成的多级阻容耦合放大器工作性能测试

1）测量静态工作点。如图 2-19 所示电路，用万用表的直流电压挡测量各级 U_{CEQ}、U_{BQ}、U_{CQ}，根据给出的元器件参数值，计算 I_{CQ}，将测量和计算数据填入表 2-20 中。

2）测量电压放大倍数 A_u。调节信号发生器使其输出为电压为 5mV、频率为 1000Hz 的正弦交流信号，接入到放大电路的输入端作为放大电路的输入信号 u_i。

用示波器观察放大电路各级的输出（u_{o1}、u_{o2}、u_{o3}）的波形，当各级为不失真的信号时，用毫伏表测量 u_i、u_{o1}、u_{o2}、u_{o3}，计算电压放大倍数（$A_{u1} = u_{o1}/u_i$、$A_{u2} = u_{o2}/u_{i2}$、$A_{u3} = u_{o3}/u_{i3}$、$A_u = u_{o3}/u_i$）并填入表 2-20 中。

3）测量输入和输出电阻

① 测量输入电阻 R_i。在放大电路与输入信号之间串入一个固定电阻 R_s（3kΩ），用毫伏表测量 u_s、u_i 的值并按下式计算 R_i 的值。

$$R_i = \frac{u_i}{u_s - u_i} R_s$$

② 测量输出电阻 R_o。测量空载时的输出电压 u_o 和带负载（$R_L = 3\text{k}\Omega$）时的输出电压 u'_o，按下式计算 R_o。

$$R_o = \left(\frac{u'_o}{u_o} - 1\right) R_L$$

将测量结果记入表 2-20 中。

表 2-20 共射极多级放大器静态与动态数据

	U_{BQ}/V	U_{CEQ}/V	I_{CQ}/mA	A_{u1}	A_{u2}	A_{u3}	A_u	R_i/Ω	R_o/Ω
理论值									
仿真值									
测量值									
误 差									

（2）把第 1 级改为场效应晶体管共源极放大电路后的多级阻容耦合放大器工作性能测试

1）测量电压放大倍数 A_u。调节信号发生器使其输出为电压为 5mV、频率为 1000Hz 的正弦交流信号，接入到放大电路的输入端作为放大电路的输入信号 u_i。

用示波器观察放大电路各级的输出（u_{o1}、u_{o2}、u_{o3}）的波形，当各级为不失真的信号时，用毫伏表测量 u_i、u_{o1}、u_{o2}、u_{o3}，计算电压放大倍数（$A_{u1} = u_{o1}/u_i$、$A_{u2} = u_{o2}/u_i$、$A_{u3} = u_{o3}/u_i$）并填入表 2-21 中。

2）测量输入电阻 R_i。在放大电路与输入信号之间串入一个固定电阻 R_s（3kΩ），用毫伏表测量 u_s、u_i 的值并按下式计算 R_i 的值。

$$R_i = \frac{u_i}{u_s - u_i} R_s$$

将测量结果记入表 2-21 中。

（3）将（2）中多级放大器末级改为射极输出器后的多级阻容耦合放大器工作性能测试

1）测量电压放大倍数 A_u。调节信号发生器使其输出为电压为 5mV、频率为 1000Hz 的正弦交流信号，接入到放大电路的输入端作为放大电路的输入信号 u_i。

用示波器观察放大电路各级的输出（u_{o1}、u_{o2}、u_{o3}）的波形，当各级为不失真的信号时，用毫伏表测量 u_i、u_{o1}、u_{o2}、u_{o3}，计算电压放大倍数（$A_{u1} = u_{o1}/u_i$、$A_{u2} = u_{o2}/u_{i2}$、$A_{u3} = u_{o3}/u_{i3}$、$A_u = u_{o3}/u_i$）并填入表 2-21 中。

2）测量输出电阻 R_o。测量空载时的输出电压 u_o 和带负载（$R_L = 3k\Omega$）时的输出电压 u_o'，按下式计算 R_o

$$R_o = \left(\frac{u_o'}{u_o} - 1\right)R_L$$

将测量结果记入表 2-22 中。

表 2-21　第 1 级是场效应晶体管共源极放大器的动态数据

	A_{u1}	A_{u2}	A_{u3}	A_u	R_i/Ω
理论值					
仿真值					
测量值					
误差					

表 2-22　末级是射极输出器的动态数据

	A_{u1}	A_{u2}	A_{u3}	A_u	R_i/Ω
理论值					
仿真值					
测量值					
误　差					

（注意：如果发现了输出信号失真，则需要适当减小输入信号。）

5. 预习要求

1）多级放大器有关静态和动态性能的基本内容。

2）晶体管共射极放大电路、射极输出器和场效应晶体管共源极放大电路有关静态和动态性能的基本内容。

3）计算有关数据（各级 U_B、U_{CEQ}、I_{CQ}、A_u、R_i、R_o）的理论值，填入有关表中。

4）用电路分析软件（EWB 或 Multisim）仿真，将仿真值填入有关表中。

5）常用实验仪器的功能和使用方法。

6）对各思考题做初步回答。

7）根据以上要求写出预习报告。

6. 实验器材与仪器

实验电路、示波器、信号发生器、毫伏表、万用表、直流稳压电源。

7. 实验报告要求

1）实验目的、实验电路及实验过程。

2）理论值计算与仿真值，实验数据及误差分析。

3）实验中出现的问题、解决方法、体会等。

4）回答思考题。

8. 思考题

1）第 1 级改为场效应晶体管共源极放大电路后为什么电压放大倍数增大？

2）末级改为射极输出器后放大倍数有何变化？

3）比较表 2-20、表 2-21、表 2-22，研究多级放大器性能提高的方法。

2.14 模拟电子技术综合性实验——振荡、带通及功放组合电路

1. 实验目的

1）通过实验初步建立模拟电路整机和系统的概念，学习模拟电路的设计方法。

2）初步掌握模拟电路具有一定功能的整机和系统的设计方法及调试方法。

2. 知识要点

1）本实验要求结合所学模拟电子技术知识，完成正弦波信号发生器的整机设计和实验。整机系统框图如图 2-21 所示。

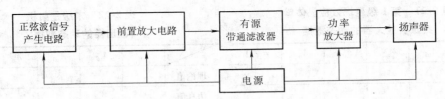

图 2-21 整机系统框图

2）各部分电路的简要说明

① 正弦波信号产生电路可以采用本书实验 2.10 的方案，要求输出频率 f 可调。

② 前置放大器采用比例运算放大器。

③ 有源带通滤波器由低通滤波器和高通滤波器组成，电路如图 2-22 所示。

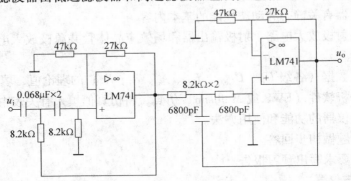

图 2-22 有源带通滤波器

④ 功率放大器可以采用 TDA200X 系列的 TDA2030 或 CD/TDA2822M 等集成功放器件。TDA2003 集成功率放大器及其外围电路如图 2-23 所示。集成功率放大器基本上都工作在 B 类状态，静态电流在 $10 \sim 50\text{mA}$，电路补偿元件可选为 $R_X = 20R_2$，$C_X = 1/(2\pi fR_1)$。

⑤ 直流稳压电源可任意选用自己熟悉的方案。

3. 实验内容及要求

（1）分级调试各单元电路

1）测试调整稳压电源。使稳压电源的输出电压稳定在 12V，检验带负载能力。

2）调试正弦波振荡电路。使振荡电路输出频率在一定范围内（$300 \sim 3000\text{Hz}$）可调。

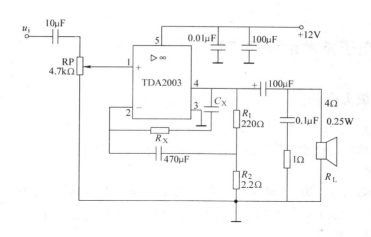

图 2-23 集成功率放大器及其外围电路

3）测试调整功率放大器。使功率放大器的静态电流在 10~50mA。

（2）整机统调。重点在电源和功率放大器，并修改有关元器件参数。

（3）用 EWB 或 Multisim 进行仿真实验。

4. 预习要求

1）根据整机系统图深入了解单元电路的功能和相互关系。

2）计算核实电路元件参数。

3）用 EWB 或 Multisim 绘制电路图，并打印原理图。

5. 实验器材与仪器

1）模拟电子实验装置。

2）双踪示波器、数字万用表、晶体管毫伏表。

3）电子元器件

① 集成运算放大器 LM741 或 LM324 芯片 6~7 片。

② 集成功率放大器 TDA2003（另加散热器）1 片。

③ 三端集成稳压器 CW317、7805 各 1 片。

④ 电源变压器 220/16/8V，10V·A 1 个。

⑤ 4Ω、1/4W 扬声器 1 个。

⑥ 1/4W 金属膜电阻、电位器、电容、二极管若干。

6. 实验报告要求

1）根据实验数据分析实验电路性能，记录整机的性能与技术参数。

2）提出部分电路改进方案。

3）打印 EWB 或 Multisim 的仿真电路，并进行分析。

7. 思考题

1）正弦波振荡器的输出频率调整范围由什么参数确定？如何扩大频率可调范围？

2）在正弦波振荡器中为什么要引入负反馈？反馈深度如何确定？

3）各级之间分别是用何种方式耦合的？

4）如何调试整机电路？有何体会？

2.15　模拟电子技术设计性实验

题目A　基本放大电路

1. 实验目的

掌握基本晶体管交流放大电路的设计、调试方法。

2. 设计要求

电压放大倍数 A_u：120~130（绝对值）、输入电阻：$R_i \approx 1\text{k}\Omega$、输出电阻：$R_o \leqslant 5\text{k}\Omega$、频率范围：$100\text{Hz} \sim 1000\text{kHz}$、电源电压：$V_{CC} = (12 \sim 15)\text{V}$、负载电阻：$6\text{k}\Omega$、输出最大不失真电压：$2 \sim 5\text{V}$（$V_{P\text{-}P}$）。

3. 实验要求

根据所设计的电路选择元器件并计算理论值。连接电路，利用有关仪器设备，测量各项技术指标并与理论值相比较，分析误差原因。

用电路分析软件（EWB 或 Multisim）设计、仿真。

4. 思考题

1）你所选定的电路静态工作点是否受温度影响？为什么？

2）如换一个 β 值明显增大的晶体管，对电路参数有何影响？通过理论和实验回答上述问题。

题目B　多级放大电路（1）

1. 实验目的

熟悉多级放大电路设计和调试的一般方法。

2. 设计要求

电压放大倍数 A_u：8000~12000、输入电阻：$R_i \approx 1\text{k}\Omega$、输出电阻：$R_o \leqslant 5\text{k}\Omega$、频率范围：$100\text{Hz} \sim 1000\text{kHz}$、电源电压：$V_{CC} = (12 \sim 20)\text{V}$、负载电阻：$6\text{k}\Omega$、输出最大不失真电压：$8 \sim 10\text{V}$（$V_{P\text{-}P}$）。

3. 实验要求

设计电路、计算理论值，查阅手册选择元器件并连接，利用有关仪器设备，测量各项技术指标。与理论值相比较，分析误差原因。

用电路分析软件（EWB 或 Multisim）设计、仿真。

4. 思考题

1）电路是否可能产生自激振荡？你是如何避免的？

2）你是如何考虑各级电压放大倍数的分配的？

题目C　多级放大电路（2）

1. 实验目的

熟悉高输入电阻的多级放大电路设计和调试的一般方法。

2. 设计要求

电压放大倍数 A_u：1000～2000、输入电阻：$R_i \geq 20\text{k}\Omega$、输出电阻：$R_o \leq 3\text{k}\Omega$、频率范围：100Hz～1000kHz、电源电压：$V_{CC} = (12～20\text{V})$、负载电阻：3kΩ、输出最大不失真电压：8～10V（$V_{P\text{-}P}$），可根据需要引入各种负反馈、无自激振荡。

3. 实验要求

设计电路、计算理论值，查阅手册选择元器件并连接，利用有关仪器设备，测量各项技术指标。与理论值相比较，分析误差原因。

用电路分析软件（EWB 或 Multisim）设计、仿真。

4. 思考题

1）如果输入电阻要求更大（如 $R_i \geq 100\text{k}\Omega$），如何实现？

2）如果输出电阻要求减小（如 $R_o \leq 200\Omega$），如何实现？

题目 D　基本运算电路

1. 实验目的

掌握设计、分析比例、加减电路的基本方法。

2. 设计要求

实现模拟运算：$u_o = 6u_1 + 5u_2 - 4u_3 - 2u_4$

3. 实验要求

选择元件并计算理论值。连接电路，在输入要求的范围内选择三组信号输入，测量输出电压，与理论值相比较，分析误差原因。

用电路分析软件（EWB 或 Multisim）设计、仿真。

4. 思考题

1）除你选择的方案之外，还有何种方案可实现上述要求？

2）运放的调零对输出结果的精度有何影响？

3）如对电路的输入电阻要求较高，应采取哪种电路？

题目 E　模拟乘法电路

1. 实验目的

熟悉对数、指数电路的设计以及模拟乘法电路的分析方法。

2. 设计要求

$u_o = Ku_x u_y$，其中 K 为负值。

3. 实验要求

1）采用运算放大器、晶体管等组成的对数、指数电路实现。

2）选择元件，连接电路。

3）给出三组 u_x、u_y 的值，测量出 K 值和 u_o，绘制表格、整理实验数据。

4）电路分析软件（EWB 或 Multisim）设计、仿真。

4. 思考题

1）该设计对 u_x、u_y 的极性和幅值有何要求？为什么？

2）K 的理论值如何计算？

3）u_o 的理论值与测量值的相对误差是多少？原因可能是哪些？

题目 F 滤波器性能的比较

1. 实验目的

通过不同电路的设计、测试，分析一阶、二阶滤波电路幅-频特性的区别。熟悉测量幅-频特性的方法。

2. 设计要求

分别设计下限截止频率相同（$f_L = 100\text{Hz}$）、通带增益相同（$A_{up} = 5$）的一阶、二阶高通有源滤波电路。

3. 实验要求

1）分别设计电路、选择元件并计算理论值。连接电路。

2）分别测量并绘制幅频特性曲线。

3）用电路分析软件（EWB 或 Multisim）设计、仿真。

4. 报告要求

进行理论值、仿真值和测量值的比较，误差分析。

根据不同电路的幅-频特性，观察其幅-频特性在截止频率附近有无明显区别？说明二阶电路的优点。

题目 G RC 桥式正弦波振荡电路

1. 实验目的

掌握正弦波振荡电路的设计、分析方法。

2. 设计要求

振荡频率 $f_0 = 320\text{Hz}$（误差 ≤5%），放大环节采用运算放大器、输出无明显失真（可加稳幅二极管）。

3. 实验要求

设计电路、选择元件并计算理论值。连接并调整电路，用示波器观察测量输出电压，得到不失真的正弦波信号。测量频率，与理论值相比较，检验是否达到设计要求，若不满足，则调整设计参数，直到满足为止。

用电路分析软件（EWB 或 Multisim）设计、仿真。

4. 思考题

1）满足设计要求后，所选元件参数的理论值与实际值的误差是多少？分析原因。

2）RC 振荡器中输出端加稳幅二极管的效果是否明显？稳幅原理是什么？

题目 H 非正弦波发生电路

1. 实验目的

掌握方波、三角波发生电路的设计、分析和频率调整的方法。熟悉电压比较器的应用。

2. 设计要求

输出方波和三角波信号、振荡频率 $f_0 = 100 \sim 500\text{Hz}$（连续可调）、占空比 $q = 50\% \sim$

80%（连续可调）、幅值 u：方波 ±6V、三角波 ±4V。

3. 实验要求

设计电路、选择元件并计算理论值。连接并调整电路，用示波器观察测量输出电压，得到不失真的输出信号。测量频率，与理论值相比较，检验是否达到设计要求，如不满足，调整设计参数，直到满足为止。

用电路分析软件（EWB 或 Multisim）设计、仿真。

4. 思考题

1）输出信号频率的理论值与实际测量值的相对误差是多少？如较大，原因是什么？

2）调换有关元件，振荡频率能否降低到 1Hz 以下，通过实验说明。

3）如要求将三角波改为锯齿波，电路应如何改动。

题目 I　直流稳压电源

1. 实验目的

掌握简单整流、滤波及稳压电路的设计方法、元器件选择及稳压系数的测量方法。

2. 设计要求

设计包括整流、滤波及稳压电路在内的直流电源，要求：

$U_o = (6 \sim 12) \text{V}$ 连续可调，负载为 100Ω，稳压系数 $S_r \leqslant 0.1$。

3. 实验要求

1）进行理论设计，选择元器件。

2）连接、调试电路，测量指标。

3）分别用示波器观察整流部分（断开后面部分）的输出波形、测量其平均值；再测量滤波后的波形和平均值（也断开后面部分），检验是否符合理论设计的要求。

4）用电路分析软件（EWB 或 Multisim）设计、仿真。

4. 思考题

1）输入电压的大小如何考虑？

2）如何判断电路的带负载能力？

数字电子技术实验

2.16　基本逻辑门逻辑功能测试

1. 实验目的

1）了解数字集成电路基本常识、特点及使用方法。

2）掌握常用基本逻辑门的逻辑功能。

2. 知识要点

（1）数字集成电路概述

数字集成电路是采用集成工艺，将晶体管、二极管及电子元件制作在一块半导体基片上，然后按电路要求将各元器件连接起来并封装在塑料或陶瓷管壳内，引出引脚，能实现某种逻辑功能的产品。

按照集成度可分为小规模集成电路（SSI，10 个逻辑门以内），通常是逻辑单元电路，如逻辑门、触发器等；中规模集成电路（MSI，几百个逻辑门），通常是逻辑功能电路，如编码器、译码器、计数器等；大规模集成电路（LSI，几千个逻辑门）和超大规模集成电路（VLSI，几万个逻辑门以上），通常是一个数字逻辑系统。

按照组成集成电路的晶体管的极性而言，可分为双极型电路（以 TTL 74 系列电路为代表）和单极型电路（以 CMOS 4000 系列电路为代表）。根据制作工艺的不同，TTL 74 电路又可以细分为 74XX：标准型、74LXX：低功耗型、74HXX：高速型、74SXX：肖特基型、74LSXX：低功耗肖特基型、74ASLXX：高级低功耗肖特基型等；CMOS 4000 又可以细分为 CD40XX：标准型、74CXX：COMS 工艺但引脚与 TTL 兼容、74HCXX：高速 CMOS 等。

按照封装形式的不同，可分为双列直插封装（Dual In – line Package，DIP）、单列直插封装（Single In – line Package，SIP）、方形扁平封装（Quad Flat Package，QFP）、小型外框封装（Small Out – line Package，SOP）、塑料引线芯片载体（Plastic Leaded Chip Carrier，PLCC）等。每种封装的引脚排列各有不同，但都有规律可循。

以实验室最为常见的双列直插封装为例，引脚的排列判别方法是：将芯片印有字符或有 LOGO 的面正对自己，并使有内凹缺口的一侧朝左，则缺口下方最左边的引脚为 1 引脚，按照逆时针方向引脚号依次增大。图 2-24 所示为 2 输入四或非门 74LS02 的引脚识别图。

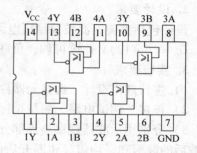

图 2-24　集成电路 74LS02 引脚识别图

从图中可清楚的知道，该集成芯片上有四个两输入端的或非门，各或非门互相独立，但是工作电源和地是公共的，其中引脚 7（GND）接地、引脚 14（V_{CC}）接 +5V。

每一种型号的集成电路的每一个引脚具有什么功能，应该怎样正确使用，这在集成电路使用手册中介绍的很清楚。因此，应该养成在使用集成电路前查阅手册的良好习惯。

（2）TTL 集成电路的特点及使用注意事项

1）TTL 集成电路的主要特点

① 输入端一般有钳位二极管。

② 输出电阻低。

③ 有较大的噪声容限。

④ 采用 +5V 的电源供电。

2）TTL 集成电路使用注意事项

① 电源电压应严格保持在 5V（$1 \pm 10\%$）的范围内，芯片的电源端口与接地端口不能接错，否则会因电流过大而造成器件损坏。

② 电路的输出端（OC 门和三态门除外）不允许并联使用，也不允许直接与 +5V 电源或地线相连（但可以通过电阻与电源相连），否则将会使电路的逻辑混乱并损害器件。电路的输入端外接电阻要慎重，要考虑输入端负载特性。

③ TTL 与门、与非门的多余输入端可以通过串入 1 只 $100\Omega \sim 10k\Omega$ 的电阻接到电源上，

或直接连接电源。若前级驱动能力强，则可将多余输入端与其他的输入端并联使用。TTL 或门及或非门的多余输入端不能悬空，只能接地。

④ 严禁带电操作，应该在电路切断电源的时候拔插集成电路，否则容易引起集成电路的损坏。

（3）CMOS 集成电路的特点及使用注意事项

1）CMOS 集成电路的主要特点

① 静态功耗低。

② 电源电压范围宽，4000 系列 CMOS 电路的电源电压范围为 3 ~ 18V，从而使电源选择的余地大。

③ 输入阻抗高。

④ 扇出能力强，在低频工作时，一个输出端可驱动 50 个以上的 CMOS 器件的输入端。

⑤ 抗干扰能力强。

2）CMOS 集成电路使用注意事项

① V_{DD} 端接电源正极，V_{SS} 端接电源负极（通常接地），绝不允许反接，否则器件会因电流过大而损坏。在连接电路，拔插集成电路时，必须切断电源，严禁带电操作。

② 多余的输入端不能悬空，应按逻辑要求接 V_{DD} 或接 V_{SS}，以免受干扰造成逻辑混乱，甚至还会损坏器件。

③ 输出端不允许直接连接 V_{DD} 或 V_{SS}，否则将导致器件损坏；除三态（TS）器件外，不允许两个不同芯片输出端并联使用；有时为了增加驱动能力，同一芯片上的输出端可以并联。

④ 器件的输入信号不允许超出电源电压范围，或者说输入端的电流不得超过 10mA，若不能保证这一点，必须在输入端串接限流电阻。CMOS 电路的电源电压应先接通，再接入信号，否则会破坏输入端的结构，关机时应先去掉输入信号再切断电源。

3. 实验内容及要求

（1）验证常用 TTL 基本逻辑门的逻辑功能

将相应型号的集成电路芯片插入实验系统集成块的空插座上，按照芯片引脚标识正确接入电源和地，输入端接逻辑开关，输出端接发光二极管 LED，即可进行验证。以与门 74LS08 为例，见图 2-25a。按表 2-23 的要求输入 A、B 的高低电平信号，观察输出结果（发光二极管亮为 1，灭为 0），并填入表 2-23 相应栏中。

按同样方法验证或门 74LS32、与非门 74LS20、异或门 74LS86、反相器 74LS04 的逻辑功能，并把结果填入表 2-23 中。验证 74LS55（四输入端二与或非门）逻辑功能，测试表格自拟。（也可根据实验室现有集成电路芯片的情况，自行确定实验内容）。

若实验系统自带上述基本逻辑门，并在面板

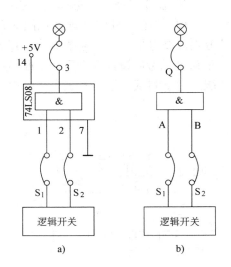

图 2-25　TTL 与门电路实验接线图

上给出了相应的逻辑符号，也可直接对其进行操作验证。仍以"与门"74LS08 为例，接线见图 2-25b。

表 2-23　门电路逻辑功能表

输入		输出				
		与门	或门	与非门	异或门	非门
A	B	$Q = AB$	$Q = A+B$	$Q = \overline{AB}$	$Q = A \oplus B$	$Q = \overline{A}$
0	0					
0	1					
1	0					
1	1					

（2）验证常用 CMOS 基本逻辑门的逻辑功能

CD4002 是四输入端二或非门，也就是说一片集成电路芯片中有两个四输入端或非门。该实验接线图见图 2-26，从图中可以看到，只用到了其中一个或非门的 3 个输入端，其余的输入端都进行了可靠接地处理。验证其逻辑功能，测试表格自拟。

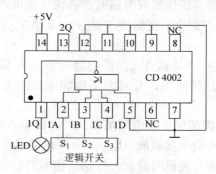

图 2-26　CMOS 或非门 CD4002 逻辑功能验证接线图

（3）三态门 74LS125 逻辑功能测试

74LS125 三态门外引脚排列见图 2-27，实验电路接线如图 2-28 所示。3 个三态门的输入端分别接高电平、地、连续脉冲，其对应的使能端分别接 3 个开关。赋予 3 个开关不同状态（请认真思考后设计 3 个开关的赋值状态），观察输出端发光二极管的状态，体会三态门的功能。记录测试结果，测试表格自拟。

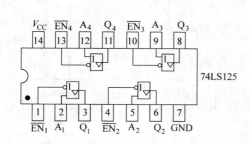

图 2-27　74LS125 三态门外引脚排列

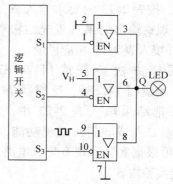

图 2-28　74LS125 三态门实验接线图

4. 预习要求

1）认真复习知识要点所述内容。

2）查找书后附录，画好进行实验用各芯片引脚图及实验接线图。

3）做好各相关测试记录表格。

5. 实验器材

1）数字实验系统。

2）二输入端四与非门 74LS00、二输入端四或门 74LS32、二输入端四与门 74LS08、六反相器 74LS04、四异或门 74LS86、四三态门 74LS125、四输入端二或非门 CD4002、四输入端二与或非门 74LS55 各 1 片。

3）数字万用表 1 块。

6. 实验报告要求

1）画出实验用逻辑门的逻辑符号，并写出逻辑表达式。

2）整理实验表格和结果。

3）总结三态门功能及正确的使用方法。

4）通过本次实验总结 TTL 及 CMOS 器件的特点及使用的收获和体会。

7. 思考题

1）对于 TTL 与非门电路，为什么输入端悬空相当于逻辑高电平？闲置输入端应做何处理？

2）欲使 1 只异或门实现非逻辑，电路将如何连接，为什么说异或门是可控反相器？

2.17 组合逻辑电路综合设计实验——编码器、加法器、显示电路、比较器、译码器、数据选择器

1. 实验目的

1）学习并掌握用系统性的思维方式分析、解决组合逻辑电路中的实际问题。

2）掌握组合逻辑电路综合设计实验的一般性方法。

3）掌握常用组合逻辑中规模集成电路的典型应用。

2. 设计要点

1）逻辑思维的建立

首先应当清楚，数字逻辑电路处理的对象是用两种不同电平表示的 0 和 1 这两个离散量，而要解决的实际问题在现实生活中的表现形式却多种多样，如何将二者有机的联系起来，这需要电路设计者能够建立正确的逻辑思维。对于初学者而言，这不是一件容易的事，但经过系统的学习、实践、检验、再学习、再实践、再检验的过程，逻辑思维能力能够得到有效提高。

实际问题和逻辑抽象建立联系，关键的环节之一就是编码，也就是要将现实生活中用来描述问题的文字、符号、声音、图像等通过编码电路转换成对应的 0、1 逻辑来表述。

2）准确理解设计任务，完成顶层设计

具体而言，就是确定输入量、输出量、中间处理环节三者之间的联系，以及各个模块电

路的功能。

3）按照最优原则，完成各模块电路的设计

所谓最优原则，是指在保证完成各项设计要求的前提下，设计的可靠性、经济性、可扩展性、工艺性等诸方面的平衡统一，即最适合性。

4）功能模块电路互联、测试、统调

在此环节，非常容易出现新的问题，并由此带来原设计方案的调整和再设计，循环往复，直至完成所有的设计要求。

上述内容不仅适用于组合逻辑电路的设计，也同样适用时序逻辑电路的设计。

3. 设计内容及要求

1）完成两个 1 位十进制数相加并显示其结果。

2）采用常用中规模集成电路。

3）被加数和加数通过按键输入，结果通过数码管显示。

4）设计思路要清晰，单元电路的功能定位准确，整体电路的稳定性强，可扩展性强。

5）每个单元电路均可独立进行实验，指导教师可根据实际情况灵活安排实验内容。

4. 设计原理及参考电路

（1）题目分析：十进制是日常生活中大家最常用也最熟悉的数制，其构成的个体从 0 至 9，需要十 - 四编码器得到加数和被加数对应的 4 位二进制数，然后用二进制加法器完成相加运算，再通过译码显示电路将结果显示出来。其顶层设计框图如图 2-29 所示。

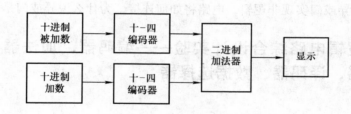

图 2-29　两个 1 位十进制数相加顶层设计框图

（2）单元功能模块设计

1）十 - 四编码电路。十进制数包含 0 至 9 十个个体，根据编码的要求，需要 4 位二进制数加以区分，可采用 74LS147 优先编码器来实现此设计目标，74LS147 优先编码器引脚如图 2-30 所示。它能将输入的十进制数转换成对应的 8421BCD 码。其集成电路芯片的外引线、逻辑符号如图 2-30 所示，逻辑功能如表 2-24 所示。从表中可知，74LS147 有 9 个输入端 $\overline{IN_9} \sim \overline{IN_1}$，对应十进制数中的 9～1，$\overline{IN_9}$ 的优先级最高，$\overline{IN_8}$ 次之，以此类推，都是低电平有效；有 4 个输出端 $\overline{Y_3} \sim \overline{Y_0}$，反码表示。当 $\overline{IN_9} \sim \overline{IN_1}$ 有低电平时，表示有编码需求，按照优先级别的高低给优先级别高的编码；当 $\overline{IN_9} \sim \overline{IN_1}$ 都是高电平时，表示十进制数中的 9～1 都无编码需求，则给十进制数 0 编码。74LS147 逻辑功能测试电路图如图 2-31 所示。

74LS148 是另一种经常被使用的集成编码电路，它能完成八 - 三的编码任务，在查看该集成芯片的资料手册后，参考图 2-31，自行完成逻辑功能测试实验。

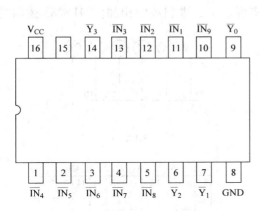

图 2-30　74LS147 优先编码器引脚图

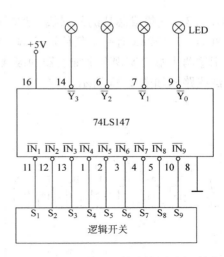

图 2-31　74LS147 逻辑功能测试电路图

表 2-24　10 − 4 编码器 74LS147 逻辑功能测试表

输入端									输出端			
$\overline{IN}_1$	$\overline{IN}_2$	$\overline{IN}_3$	$\overline{IN}_4$	$\overline{IN}_5$	$\overline{IN}_6$	$\overline{IN}_7$	$\overline{IN}_8$	$\overline{IN}_9$	$\overline{Y}_3$	$\overline{Y}_2$	$\overline{Y}_1$	$\overline{Y}_0$
1	1	1	1	1	1	1	1	1				
×	×	×	×	×	×	×	×	0				
×	×	×	×	×	×	×	0	1				
×	×	×	×	×	×	0	1	1				
×	×	×	×	×	0	1	1	1				
×	×	×	×	0	1	1	1	1				
×	×	×	0	1	1	1	1	1				
×	×	0	1	1	1	1	1	1				
×	0	1	1	1	1	1	1	1				
0	1	1	1	1	1	1	1	1				

注：×表示状态任意（以下同）

　　特别需要指出的是，在一个电路系统中，某一个集成电路是通过引脚与外围元器件或其他集成电路相连接的，引脚的类型主要包括信号输入端、信号输出端、信号控制端和电源端等。那么，了解各引脚的作用对于电路的设计就显得非常关键。集成电路引脚的命名至今没有统一的标准，但有一些约定俗成的规定，这些命名规则有助于我们理解和设计电路。例如，对于信号输入端和信号控制端，如果是低电平有效，那么其对应的引脚端会标识"。"，同时引脚的名字通常会标识"非"号；对于信号输出端，如果其对应的引脚端标识有"。"，同时引脚的名字标识有"非"号，通常代表输出取反，对于有下标的引脚名字，如果下标是阿拉伯数字，数字越大则表示优先级别越高或者权重越高，如果下标是英文字母，那么其在字母表中的位置越靠后权重越高。限于篇幅，此处不详细表述，读者可以通过查阅资料获取相关知识。

　　2）二进制加法电路：查阅资料可知，能够完成两个 4 位二进制数相加的常用集成电路是 74LS283，其集成芯片的外引线、逻辑符号如图 2-32 所示，逻辑功能如表 2-25 所示。从表中可知，74LS283 有一个低位进位输入端 CI_0，有一个高位进位输出端 CO_4，所以，很容易利用这两个端口实现多个加法器的级联，以此实现多位二进制数的相加。74LS283 逻辑功能测试线路图如图 2-33 所示。

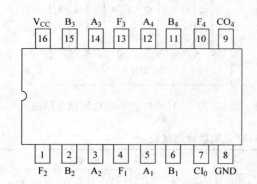

图 2-32　4 位二进制加法器 74LS283 引脚图

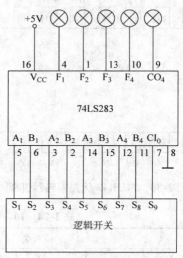

图 2-33　74LS283 逻辑功能测试电路图

表 2-25　74LS283 4 位二进制超前进位全加器功能测试表

输入				输出									
A_1	B_1	A_2	B_2	CI = 0					CI = 1				
A_3	B_3	A_4	B_4	F_1	F_2	F_3	F_4	CO_4	F_1	F_2	F_3	F_4	CO_4
0	0	0	0										
1	0	0	0										
0	1	0	0										
1	1	0	0										
0	0	1	0										
1	0	1	0										
0	1	1	0										
1	1	1	0										
0	0	0	1										
1	0	0	1										
0	1	0	1										
1	1	0	1										
0	0	1	1										
1	0	1	1										
0	1	1	1										
1	1	1	1										

3）显示译码电路：目前，能显示数字和字符的常用显示器件是数码管（LED）和液晶屏（LCD）。

数码管内部一般由8个发光二极管组成，包含7个段划和一个小数点，位置排成"**日.**"形。8个发光二极管的连接电路有共阴接法和共阳接法两种，由此构成共阴极数码管和共阳极数码管两种不同的类型。其中，共阴极数码管的公共端COM是所有8个发光二极管的阴极，使用时需要接低电平或接地；共阳极数码管的公共端COM是所有8个发光二极管的阳极，使用时需要接高电平或正电源。无论是共阴极数码管还是共阳极数码管，需要显示什么样的字符或数字，必须使其对应的发光二极管正向导通后发光。一般而言，发光二极管的导通压降为 1.5～2.0V，工作电流 10～20mA，电流过大会损坏器件，使用时必须查阅器件的参数手册并选择合适的限流电阻。共阴极数码管和共阳极数码管的外观及引脚排列如图2-34所示。

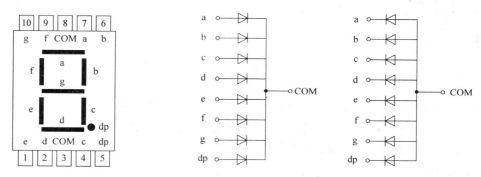

图 2-34　共阴极数码管和共阳极数码管的外观及引脚排列

由前面可知，二进制加法电路出来的结果仍然是二进制数，如何才能在数码管上显示出正确的数字呢？这必然需要一个转换的过程，即按照对应关系，将4位二进制数转换成7段码，可采用显示译码器来完成此项任务。根据所对应的数码管的不同，显示译码器也相应地分为共阴极显示译码器（如 74LS48）和共阳极显示译码器（如 74LS47）。74LS48 的逻辑功能测试线路图如图 2-35 所示。

注意：74LS48 还有 3 个功能端，分别是 3 引脚对应的测灯$\overline{LT}$、5 引脚对应的动态灭零$\overline{RBI}$、4 引脚对应的静态灭灯$\overline{BI/RBO}$，正常使用时这三个引脚都接高电平。

（3）系统联调

1）按照图 2-36 所示接线，测试系统能否完成所有的设计要求（也可用 Multisim 软件进行仿真测试）。

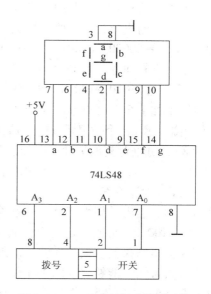

图 2-35　74LS48 逻辑功能测试线路图

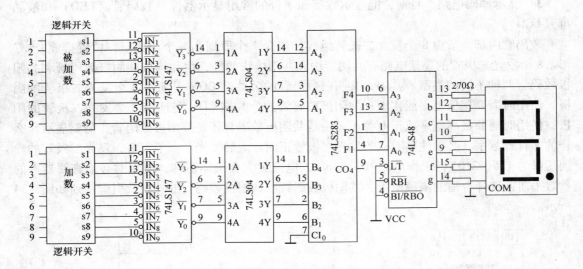

图 2-36　两个 1 位十进制数相加电路图

问题是，当两个十进制数相加的结果小于等于 9 时，系统功能一切正常，但结果大于 9 时，就会显示错误的字符。原因不难发现，一个数码管能显示的最大数字就是 9，设计题目要求两个 1 位十进制数相加，那么其结果最大是 18，超出了一个数码管能显示的范围。

2）问题分析

增加一个数码管，一个用来显示个位数，一个用来显示十位数。74LS283 的输出范围从 00000 ~ 10010（即 0 ~ 18，共 19 种结果），其中，低 4 位由 $Y_3 Y_2 Y_1 Y_0$ 输出，最高位由 CO_4 端输出。可以将输出分为以下两种情况加以考虑：

① 当输出是 00000 ~ 01001（即 0 ~ 9），十位和个位分别显示各自的数字，分析可知，此种情况显示没有问题。

② 当输出是 01010 ~ 10010（即 10 ~ 18），由于结果大于 9，显示会出现问题。通常的做法是，将结果加上 6 即可将十位和个位分离出来。例如，当输出是 01010 时，加上 0110，得 10000（十位显示 1，个位显示 0）；当输出是 10010 时，加上 0110，得 11000（十位显示 1，个位显示 8），可以对其他 7 种情况加以验证。

③ 接下来需要思考的是，如何用电路来完成对 74LS283 输出结果是否大于 9 的判断？

3）修改原设计方案

分析可知，输出结果大于 9 可以再分成两个区间，一个区间是 01010 ~ 01111，一个区间是 10000 ~ 10010，分别表示输出的低 4 位 $Y_3 Y_2 Y_1 Y_0$ 大于 9 和最高位 CO_4 是 1 两种情况。那么，判断输出结果是否大于 9 就只需判断 $Y_3 Y_2 Y_1 Y_0$ 是否大于 9 或者 CO_4 是否是 1。

查阅资料可知，能够完成两个 4 位二进制数比较的常用集成电路有 TTL 系列的 74LS85 或 CMOS 系列的 CC14585。限于篇幅，这里仅介绍 74LS85，其外引线、逻辑符号如图 2-37 所示，逻辑功能如表 2-26 所示。74LS85 的逻辑功能测试线路图如图 2-38 所示。

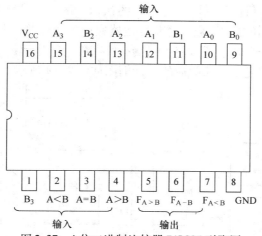

图 2-37 4 位二进制比较器 74LS85 引脚图

表 2-26 4 位二进制比较器 74LS85 功能表

比较输入				级联输入			比较输出		
A_3，B_3	A_2，B_2	A_1，B_1	A_0，B_0	$I_{A>B}$	$I_{A=B}$	$I_{A<B}$	$F_{A>B}$	$F_{A=B}$	$F_{A<B}$
$A_3 > B_3$	X	X	X	X	X	X	H	L	L
$A_3 < B_3$	X	X	X	X	X	X	L	L	H
$A_3 = B_3$	$A_2 > B_2$	X	X	X	X	X	H	L	L
$A_3 = B_3$	$A_2 < B_2$	X	X	X	X	X	L	L	H
$A_3 = B_2$	$A_2 = B_2$	$A_1 > B_1$	X	X	X	X	H	L	L
$A_3 = B_2$	$A_2 = B_2$	$A_1 < B_1$	X	X	X	X	L	L	H
$A_2 = B_2$	$A_2 = B_2$	$A_1 = B_1$	$A_0 > B_0$	X	X	X	H	L	L
$A_2 = B_2$	$A_2 = B_2$	$A_1 = B_2$	$A_0 < B_0$	X	X	X	L	L	H
$A_3 = B_3$	$A_2 = B_2$	$A_1 = B_1$	$A_0 = B_0$	H	L	L	H	L	L
$A_3 = B_3$	$A_2 = B_2$	$A_1 = B_1$	$A_0 = B_0$	L	H	L	L	H	L
$A_2 = B_2$	$A_2 = B_2$	$A_1 = B_1$	$A_0 = B_0$	L	L	H	L	L	H

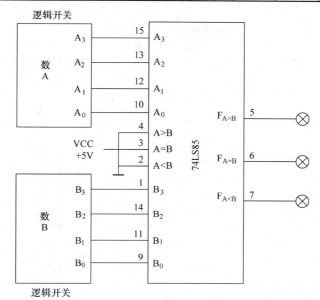

图 2-38 74LS85 逻辑功能测试图

至此，就对该设计题目有了新的、更深入的认识。两个 1 位十进制数 A 和 B 分别通过 10-4 编码器得到两个 4 位二进制数，送到加法器完成加法运算，其结果送到比较器与 9 进行比较，当结果小于等于 9 时，通过使控制端有效直接进行显示；当结果大于 9 时，其与 6 相加后再通过相应控制端显示。修改后的设计框图如图 2-39 所示。

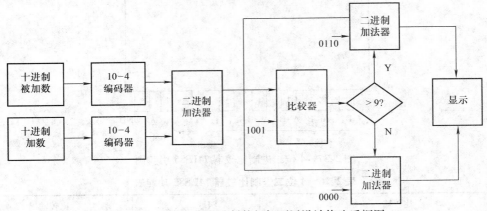

图 2-39　两个 1 位十进制数相加顶层设计修改后框图

4）完成最终设计

可以先通过 Multisim 等仿真软件对总体电路进行逻辑功能测试，如果满足设计要求，再连接实际电路验证。

（4）创新与拓展

1）创新

可以明确的是，上述设计方案绝不是唯一的。举例来说，前面是通过中规模集成电路比较器 74LS85 来实现判断输出结果是否大于 9，进而决定是否加 6 得到正确的数据送给显示译码电路。除此之外，还可以利用组合逻辑电路基本的设计方法实现此任务。具体而言，可以将加法器 74LS283 的输出 CO_4、Y_3、Y_2、Y_1、Y_0 作为输入量，根据前面的问题分析列出输入输出对应关系，得到如表 2-27 所示真值表。

表 2-27　真值表

情况分析	输入					输出				
	CO_4	Y_3	Y_2	Y_1	Y_0	B_0	A_3	A_2	A_1	A_0
	0	0	0	0	0	0	0	0	0	0
	0	0	0	0	1	0	0	0	0	1
	0	0	0	1	0	0	0	0	1	0
	0	0	0	1	1	0	0	0	1	1
74LS283 的	0	0	1	0	0	0	0	1	0	0
输出 ≤9	0	0	1	0	1	0	0	1	0	1
	0	0	1	1	0	0	0	1	1	0
	0	0	1	1	1	0	0	1	1	1
	0	1	0	0	0	0	1	0	0	0
	0	1	0	0	1	0	1	0	0	1

（续）

情况分析	输入					输出				
	CO_4	Y_3	Y_2	Y_1	Y_0	B_0	A_3	A_2	A_1	A_0
	0	1	0	1	0	1	0	0	0	0
	0	1	0	1	1	1	0	0	0	1
	0	1	1	0	0	1	0	0	1	0
74LS283 的输出 >9	0	1	1	0	1	1	0	0	1	1
	0	1	1	1	0	1	0	1	0	0
	0	1	1	1	1	1	0	1	0	1
	1	0	0	0	0	1	0	1	1	0
	1	0	0	0	1	1	0	1	1	1
	1	0	0	1	0	1	1	0	0	0

上表中的 B_0 表示输出的十位数，$A_3 A_2 A_1 A_0$ 表示输出的个位数。分别写出 B_0、A_3、A_2、A_1、A_0 的逻辑表达式并进行化简，利用基本逻辑门即可实现该电路，可以用 Multisim 软件进行仿真验证。

上面的电路实质上是一种 5－5 的代码转换电路，是我们通过基本逻辑门电路自行设计完成的。前面所提到的显示译码器其实也是一种代码转换电路，是将输入的 8421BCD 码转换成输出的 7 段码。代码转换电路属于译码器的一种。

常用的译码器有 2－4 译码器 74LS139、3－8 译码器 74LS138、4－10 译码器 74LS42 等等。以 74LS138 为例，其集成芯片的外引线、逻辑符号如图 2-40 所示，逻辑功能如表 2-28 所示，逻辑功能测试电路图如图 2-41 所示。

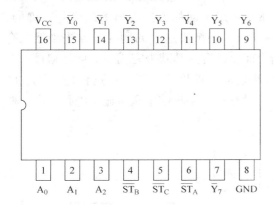

图 2-40　3－8 译码器 74LS138 引脚图

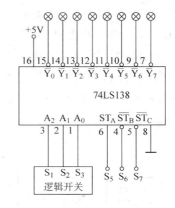

图 2-41　74LS138 逻辑功能测试电路图

表 2-28　74LS138 3－8 译码器功能表

输入端					输出端							
ST_A	$\overline{ST_B} + \overline{ST_C}$	A_2	A_1	A_0	$\overline{Y_0}$	$\overline{Y_1}$	$\overline{Y_2}$	$\overline{Y_3}$	$\overline{Y_4}$	$\overline{Y_5}$	$\overline{Y_6}$	$\overline{Y_7}$
×	1	×	×	×								
0	×	×	×	×								

（续）

输入端					输出端							
ST_A	$\overline{ST_B}+\overline{ST_C}$	A_2	A_1	A_0	$\overline{Y_0}$	$\overline{Y_1}$	$\overline{Y_2}$	$\overline{Y_3}$	$\overline{Y_4}$	$\overline{Y_5}$	$\overline{Y_6}$	$\overline{Y_7}$
1	0	0	0	0								
1	0	0	0	1								
1	0	0	1	0								
1	0	0	1	1								
1	0	1	0	0								
1	0	1	0	1								
1	0	1	1	0								
1	0	1	1	1								

74LS139、74LS42 的逻辑功能测试实验自行完成，实验电路和测试数据表格自拟。

2）拓展

如果设计题目改为完成两个 1 位十进制数相减并显示其结果，那么又该如何完成设计任务呢？

设计分析：两个 1 位十进制数相减，同样要先转换成两个 4 位的二进制数，再利用补数的概念将减法转换成加法，即可完成。

例如（9 − 2）→（1001）−（0010）→（1001）+（− 0010）$_\text{补}$ =（1001）+（1110）=（10111），最高位丢弃，得（0111），即十进制的 7。而一个二进制数的补数可以通过对这个数先求反再加 1 的方式得到，再进一步分析可知，二进制数通过和 1 进行异或即可求反。这样，只需通过 4 个异或门，就可以将一个 4 位的二进制数求反。

存在一个小小的问题，如果两个数 A > B，那么采用上面的方法得出的结果是正确的；如果 A < B，那么结果就出错了，可以试一试 2 − 10。如何解决这个问题呢？方法当然也有很多，这里强调的是拓展，也就是说，尽可能利用前面已有的基础去完成新的设计题目。

可不可以这样思考？将两个数 A 和 B 进行大小比较，如果 A≥B，就进行 A +（B）$_\text{补}$ 的运算，如果 A < B，就进行 B +（A）$_\text{补}$ 的运算，再通过选通电路将结果送给显示电路，设计框图如图 2-42 所示。

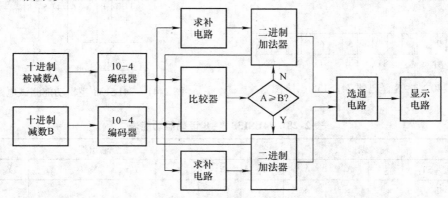

图 2-42　两个 1 位十进制数相减顶层设计框图

这里 A 和 B 的比较结果决定了是选择 $A+(B)_{\text{补}}$ 操作还是选择 $B+(A)_{\text{补}}$ 操作，与计算机编程时经常使用的"分支语句"很类似，如果满足条件 1，则执行工作 1；如果满足条件 2，则执行工作 2，……，如果满足条件 n，则执行工作 n。数字电子技术中的数据选择器的工作原理也是如此，只是执行的工作是从若干路输入端数据中将满足条件的一路数据选出来。常用的有 4 选 1 数据选择器 74LS153，8 选 1 数据选择器 74LS151 等。以 74LS151 为例，其集成芯片的外引线、逻辑符号如图 2-43 所示，逻辑功能如表 2-29 所示，逻辑功能测试电路图如图 2-44 所示。

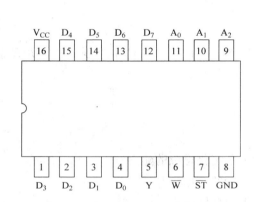

图 2-43　8 选 1 数据选择器 74LS151 引脚图

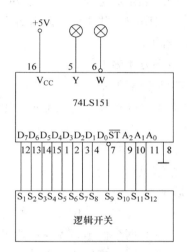

图 2-44　74LS151 逻辑功能测试电路图

表 2-29　74LS151 数据选择器功能测试表

输入端				输出端	
$\overline{ST}$	A_2	A_1	A_0	Y	$\overline{W}$
1	×	×	×		
0	0	0	0		
0	0	0	1		
0	0	1	0		
0	0	1	1		
0	1	0	0		
0	1	0	1		
0	1	1	0		
0	1	1	1		

5. 预习要求

1）认真复习知识要点所述内容。

2）查找书后附录，画好进行实验所用各芯片引脚图及实验接线图。

3）做好各相关测试记录表格。

6. 实验器材

1）数字实验系统。

2）中规模集成电路 74LS85、74LS138、74LS42、74LS153、74LS151 各 1 块，74LS147、74LS283、74LS48、共阴极数码管各两片，常用基本逻辑门集成电路若干，常用电阻若干，连接导线若干。

3）数字万用表 1 块。

7. 实验报告要求

1）画出设计框图、各功能模块电路图、总电路图，完成两个 1 位十进制数相加并显示的完整设计。

2）整理实验数据和结果。

3）总结设计体会。

8. 思考题

1）通过上述实验，你如何理解电子电路设计中系统化思维的建立？

2）至少举两个例子，说明中规模集成电路控制端的使用。

3）举例说明中规模集成电路输入端低电平有效的具体意义。

4）如何利用数字万用表快速判断数码管的好坏？

5）设计两个 1 位十进制数相减并显示的电路，如何利用两个 1 位十进制数相加的设计成果？

2.18 触发器、锁存器逻辑功能测试

1. 实验目的

1）掌握基本 RS 触发器的原理。

2）掌握集成 D、JK 触发器的逻辑功能及其应用。

3）熟悉 D 锁存器的功能及其应用。

2. 知识要点

1）触发器：触发器是存放二进制信息的最基本单元，是构成时序电路的主要元件。触发器具有"0"和"1"两个稳态，在时钟脉冲的作用下，根据输入信号的不同，触发器可具有置"0"、置"1"、保持和翻转等功能。

按逻辑功能分类，有 RS 触发器、D 触发器、JK 触发器、T 触发器和 T′触发器。按时钟脉冲触发方式分，有电平触发器（锁存器）、主从触发器和边沿触发器 3 种。按制造材料分，有 TTL 类和 CMOS 类，它们在电路结构上有较大差别，但逻辑功能基本相同。

触发器除作为时序逻辑电路的主要单元外，一般还用来做消振颤电路、同步单脉冲发生

器、分频器及倍频器等。

2）D 触发器：D 触发器的应用很广，可作数字信号的寄存、移位寄存、分频和波形发生等，特性方程为 $Q^{n+1} = D$。常用 TTL 型 D 触发器有 74LS74（双 D）、74LS174（六 D）、74LS175（四 D）、74LS377（八 D）等；CMOS 有 CD4013（双 D）、CD4042（四 D）。

3）JK 触发器：其特性方程为 $Q^{n+1} = J\overline{Q^n} + \overline{K}Q^n$。常用 TTL 型 JK 触发器有 74LS112（双 JK 下降沿触发，带清零）、74LS109（双 JK 上升沿触发，带清零）、74LS111（双 JK，带数据锁定）等；CMOS 有 CD4027（双 JK 上升沿触发）等。

4）D 锁存器：常用 TTL 型 D 锁存器有 74LS75（四 D）、74LS373（八 D）；CMOS 有 CC4042、CC40174、CC4508 等。

3. 实验内容及要求

（1）JK 触发器

1）JK 触发器功能测试。本实验选用 74LS112，请自行查阅芯片管脚图，设计并连接好测试电路，根据表 2-30 中条件观察输出端 Q^{n+1} 的变化情况并记录。

表 2-30 JK 触发器功能测试数据表

$\overline{S}_D$	$\overline{R}_D$	CP	J	K	Q^n	Q^{n+1}
0	1	×	×	×	×	
1	0	×	×	×	×	
1	1	↑	×	×	0	
1	1	↑	×	×	1	
1	1	↓	0	0	0	
1	1	↓	0	0	1	
1	1	↓	0	1	0	
1	1	↓	0	1	1	
1	1	↓	1	0	0	
1	1	↓	1	0	1	
1	1	↓	1	1	0	
1	1	↓	1	1	1	

注：↑表示 CP 的上升沿，↓表示 CP 的下降沿。

2）JK 触发器接成 T′ 触发器。按图 2-45 接线，用示波器观测并记录 CP 和 Q 的波形，认真体会触发器的分频作用。

（2）D 触发器

1）D 触发器功能测试。本实验选用 74LS74，请自己查阅芯片管脚图，设计并连接好测试电路，根据表 2-31 中的条件观察 D 输出端 Q^{n+1} 的变化情况并记录。

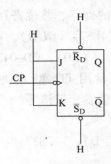
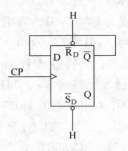

图 2-45　JK 触发器接成 T′构成的分频器　　　图 2-46　D 触发器接成 T′构成的分频器

表 2-31　D 触发器功能测试数据表

$\overline{S_D}$	$\overline{R_D}$	CP	D	Q^n	Q^{n+1}
1	0	×	×	×	
0	1	×	×	×	
1	1	↓	×	0	
1	1	↓	×	1	
1	1	↑	0	0	
1	1	↑	0	1	
1	1	↑	1	0	
1	1	↑	1	1	

注：↑表示 CP 的上升沿，↓表示 CP 的下降沿。

2）D 触发器接成 T′触发器。按图 2-46 接线，用逻辑箱上的连续脉冲做 CP 时钟，用示波器观测并记录 CP 和 Q 的波形，同样体会一下触发器的分频作用。

（3）D 锁存器。

本实验选用 74LS75，芯片的 13 引脚是 Q_1 和 Q_2 的使能端，4 引脚是 Q_3 和 Q_4 的使能端，均为高电平有效。按图 2-47 连接好测试电路，设置 $D_4 D_3 D_2 D_1$ 为某一组数据，观察当使能端 EN1 和 EN2 从低电平变为高电平时，D 锁存器输出端的变化情况并记录（测试表格自拟）。

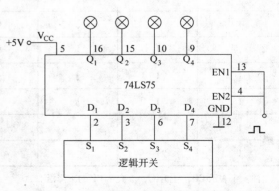

图 2-47　74LS75 D 锁存器测试接线图

4. 预习要求

1）认真复习触发器章节知识相关内容。

2）了解本次实验所用器件引脚功能及测试方法。

5. 实验器材

1）数字实验系统。

2）双踪示波器 1 台。

3）集成电路芯片 74LS74、74LS112、74LS75 各 1 块。

6. 实验报告要求

1）画出各部分实验接线图，整理实验结果，说明基本 RS 触发器、D 触发器、JK 触发器、D 锁存器的逻辑功能。

2）认真总结本次实验的收获和体会。

7. 思考题

1）异步端 $\overline{R}_D$ 和 $\overline{S}_D$ 为什么不允许出现 $\overline{R}_D + \overline{S}_D = 0$ 的情况？正常工作情况下 $\overline{R}_D$、$\overline{S}_D$ 应为何种态？

2）请分析一下消振颤电路的工作原理。

2.19   时序逻辑电路综合设计实验——锁存器、计数器、555 定时器

1. 实验目的

1）学习并掌握用系统性的思维方式去分析解决时序逻辑电路中的实际问题。

2）掌握时序逻辑电路综合设计实验的一般性方法。

3）掌握常用时序逻辑中规模集成电路的典型应用。

2. 设计要点

1）前面所提到的内容同样适用于时序逻辑电路的设计。

2）需要特别注意的是，时序逻辑电路任何一个时刻的输出信号不仅取决于当前的输入信号，而且还取决于电路前一个工作状态。理清这种时序上的关系对于设计者而言是至关重要的，需要不断的训练和积累。

3. 设计内容及要求

完成数字频率计的设计，能对脉冲信号的频率进行测量并显示结果。要求：

1）频率测量结果用 4 个 LED 数码管显示，即频率范围从 0000 ~ 9999Hz。

2）被测信号幅值范围 100mV ~ 5V。

3）总的响应时间低于 2s，即信号输入完毕后 2s 内显示出被测信号频率。

4. 设计原理及参考电路

（1）设计分析

脉冲信号的频率就是在单位时间内所产生的脉冲信号个数，其表达式为 $f_X = N/T$，其中，f_X 为被测信号 X 的频率，N 为脉冲信号的个数，T 为产生 N 个脉冲信号所需的时间。例如，若在 1s 内记录到 1000 个脉冲信号，则被测信号的频率 f_X 为 1000Hz，若在 0.1s 内记录到 500 个脉冲信号，则被测信号的频率 f_X 为 5000Hz。其顶层设计框图如图 2-48 所示。

首先需要得到两个数据，一个是基准时间 T，一个是在该时间内记录的信号个数 N。如何得到这两个数据呢？需要设计一个基准时间产生电路，使得 T 为 1s；对于信号个数 N，则可以通过计数器电路得到。

是不是上面两个电路加上一个显示电路就完成了这个设计了呢？显然没有这么简单！还

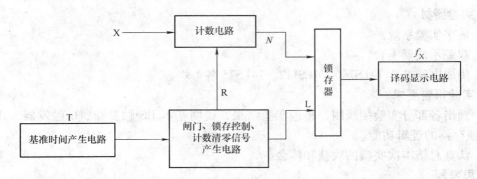

图 2-48　数字频率计顶层设计框图

需要仔细分析被测信号 X、时基信号 T、计数电路、锁存信号 L 以及清零信号 R 之间的时序关系。

从时序图 2-49 可以清楚的得知，当时基信号 T 处于有效期间（即 T 为高电平期间），计数电路对被测信号 X 进行计数，其结果 N 的数值一直在累加。如果直接将计数器的输出接到显示电路，那么所看见的将会是不断发生变化的数字。对于测量频率的电路而言，总是希望看到的是稳定的、最终的结果。这样，就需要在计数器和显示电路之间加上数据锁存电路，锁存器的作用是将计数器在 1s 结束时所计得的数进行锁存，使显示器上能稳定地显示此时计数器的值。从时序图可知，时基信号 T 的负跳变（即 T 从有效变为无效）产生锁存信号，而锁存信号的负跳变产生清零信号，让计数电路全部归零，以便下一次开始新的计数。

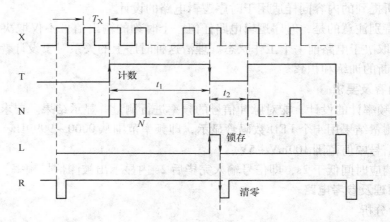

图 2-49　数字频率计时序图

（2）单元功能模块设计

1）基准时间产生电路

基准时间产生电路有多种，常用的有 *RC* 振荡电路、晶体振荡电路和 555 定时器电路等。这里采用 555 定时器电路，同学们可通过查阅相关资料了解其他的方法。

555 集成定时器是电子工程领域中广泛使用的一种模拟 – 数字混合的中规模集成电路，它分为双极型和单极型两类。若集成片内只有一个时基电路，则双极型型号为 555，单极型型号为 7555。若在一个集成片内包含有两个时基电路，则对应的型号分别是 556 和 7556。双极型的电源电压范围为 $V_{CC}=4.6\sim16V$，单极型的电源电压范围为 $V_{CC}=3\sim18V$。

555 定时器具有结构简单、使用电压范围宽、工作速度快、定时精度高、驱动能力强等优点。555 定时器配以外部元件，可以构成多种实际应用电路。广泛应用于产生多种波形的脉冲振荡器、检测电路、自动控制电路、家用电器以及通信产品等电子设备中。在作定时器使用时，555 和 7555 的定时精度分别是 1% 和 2%。555 定时器电路在作振荡器使用时，输出脉冲的最高频率可达 500kHz。虽然定时器的型号众多，但内部电路基本相同，引脚和功能也完全相同。图 2-50 是 555 定时器的引脚图，功能表如表 2-32 所示。

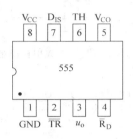

图 2-50　555 定时器引脚图

表 2-32　555 功能表

$\overline{R_D}$	$\overline{TR}$	TH	u_O
0	×	×	0
1	$<2/3V_{CC}$	$<1/3V_{CC}$	1
1	$>2/3V_{CC}$	$>1/3V_{CC}$	0
1	$<2/3V_{CC}$	$>1/3V_{CC}$	原态
1	$>2/3V_{CC}$	$<1/3V_{CC}$	1

图 2-51 是用 555 定时器构成的多谐振荡器，R_1、RP 和 C 为定时元件，C_1 的作用是防止干扰电压对电路影响。如果使用 555，R_1 的取值一般要大于 $1k\Omega$；如果使用 7555，则应在 $2k\Omega$ 以上，否则易损坏器件。输出的脉冲波形主要参数估算公式如下：

正脉冲宽度 $T_{W1}\approx0.69(R_1+R_2)C$，　　　　负脉冲宽度 $T_{W2}\approx0.69R_2C$

周期 $T=T_{W1}+T_{W2}\approx0.69(R_1+2R_2)C$，　　频率 $f=1/T=1.43/(R_1+2R_2)C$

根据基准时间 T 的要求，这里正脉冲宽度 $T_{W1}=1s$，可自行确定 R_1、RP 和 C 的取值，可用示波器观察输出波形。

555 定时器还经常用作施密特触发器和单稳态电路，图 2-52 和图 2-53 分别是这两种电路的实验电路，接好线后，给予相应输入信号并通过示波器观察其结果。

2）计数器电路

计数器是一个用以实现计数功能的时序部件。它不仅可用来计脉冲数，还常用作数字系统的定时、分频和数字运算。

计数器种类很多，按材料可分为 TTL 型及 CMOS 型；按各触发器翻转的次序，可分为同步计数器和异步计数器；根据计数制的不同可分为二进制计数器、十进制计数器和 N 进制计数器；根据计数的增减趋势，又分为加法、减法和可逆

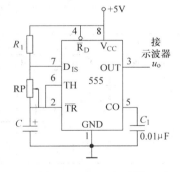

图 2-51　555 定时器
构成多谐振荡器

计数器；还有可预置数和可编程功能计数器等。目前，无论是 TTL 还是 CMOS 集成电路，都有品种较齐全的中规模集成计数器。使用者只要借助于器件手册提供的功能表和工作波形图以及引出端的排列，就能正确地运用这些器件。

下面以最常用的 74LS160 为例介绍计数器的基本使用，可在此基础上了解并掌握其他计

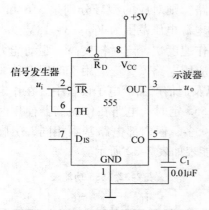

图 2-52　555 定时器构成施密特触发器

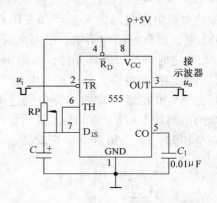

图 2-53　555 定时器构成单稳态触发器

数器的使用方法。

74LS160 是十进制同步计数器，其外引线排列图如图 2-54 所示，功能表如表 2-33 所示。

（3）N 进制计数器构成法

若集成计数器的计数模值为 M，当 N < M 时，可采用复位法或置位法通过在芯片外添加适当反馈信号即可实现任意进制计数器。本实验以十进制计数器为例说明。

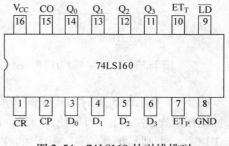

图 2-54　74LS160 外引线排列

① 复位法。利用清零端 $\overline{CR}$ 构成，即当计数到 N 时，通过反馈信号强制计数器清零。例如若 N = 7，则当计数到 $Q_3 Q_2 Q_1 Q_0 = 0111$ 时，计数器清零，实验电路如图 2-55 所示。

表 2-33　　74LS160 功能表

输入									输出			
$\overline{CR}$	$\overline{LD}$	ET_P	ET_T	CP	D_3	D_2	D_1	D_0	Q_3^{n+1}	Q_2^{n+1}	Q_1^{n+1}	Q_0^{n+1}
0	×	×	×	×	×	×	×	×	0	0	0	0
1	0	×	×	↑	d_3	d_2	d_1	d_0	d_3	d_2	d_1	d_0
1	1	1	1	↑	×	×	×	×	计数			
1	1	0	×	×	×	×	×	×	保持			
1	1	×	0	×	×	×	×	×	保持			

② 置位法。利用预置端 $\overline{LD}$ 构成，当计数器计到 N – 1 时，通过反馈信号使 $\overline{LD} = 0$，则当第 N 个 CP 到来时，计数器输出端为 $Q_0 Q_1 Q_2 Q_3 = D_0 D_1 D_2 D_3$。仍以 N = 7 为例，实验电路如图 2-56 所示。

若集成计数器的计数模值为 M，当 N > M 时，需要多片集成计数器进行级联方可实现，级联后的计数器最大容量为 M × M × … × M。例如，用 74LS160 构成一个 48 进制计数器。

因为 74160 为模 10（M = 10）计数器，而 N = 48，所以要用两片 74160 构成此计数器。可以先将两片 74160 连接成 100 进制计数器，然后利用反馈复位法和反馈置数法都可以实现题目要求。以反馈复位法为例，在输入第 48 个计数脉冲后，应该使复位信号加到两芯片的异步清零端上，使计数器回到 0000 0000 状态。由于 74160 是异步清零，所以计数器输出 $Q_7Q_6Q_5Q_4Q_3Q_2Q_1Q_0$ 为 0100 1000 时，应使 $\overline{CR}=0$，这可以通过将高位片（2）的 Q_6 和低位片（1）的 Q_3 经过与非门后得到。电路连接如图 2-57 所示。

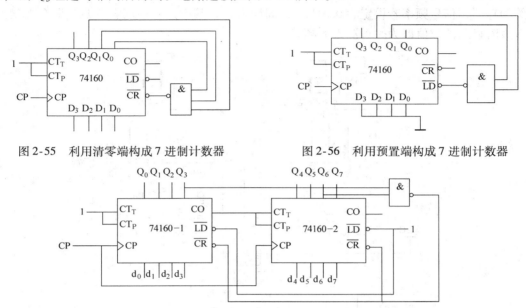

图 2-55　利用清零端构成 7 进制计数器　　　　图 2-56　利用预置端构成 7 进制计数器

图 2-57　级联反馈复位法构成 48 进制计数器

本设计要求频率测量范围从 0000 ～ 9999Hz，显然需要 4 个十进制计数器级联构成 10000 进制计数器，可以参考上述方法自行设计并完成该部分电路。

（4）锁存器电路

锁存器的作用是将计数器在 1s 结束时所计得的数进行锁存，使显示器上能稳定地显示此时计数器的值，如图 2-48 和图 2-49 所示，1s 计数时间结束时，逻辑控制电路发出锁存信号 L，将此时计数器的值送译码显示电路。

和计数器一样，锁存器也有不同的类型，设计时应根据具体的要求进行选择。从上面的分析可知，本设计需用 4 个十进制计数器，共有 16 个计数输出端，故可用两片 8 位的锁存器来完成上述锁存功能。集成电路 74LS273 是 8 位的锁存器，两片 74LS273 即可实现锁存功能。图 2-58 是 74LS273 的引脚图，功能表如表 2-34 所示。

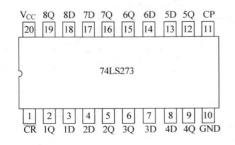

图 2-58　74LS273 外引线排列

表 2-34　74LS273 的功能表

$\overline{CR}$	CP	D	Q^{n+1}	工作模式
0	×	×	0	异步清零
1	↑	H	H	寄存
1	↑	L	L	寄存
1	0	×	Q^n	保持

74LS273 的逻辑功能测试图如图 2-59 所示。为了便于理解并体会锁存器的工作原理，使用了两个信号源，右下角的时钟源 1 提供脉冲信号给计数器，其信号频率可自行设定（由于该电路只有两个计数器，所以信号频率不超过 99Hz）；左侧的时钟源 2 提供基准时间信号给锁存器，信号频率若设定为 0.5Hz，则周期为 2s，其中正脉冲宽度为 1s，那么当锁存信号有效时显示的数值即为时钟源 1 的频率。

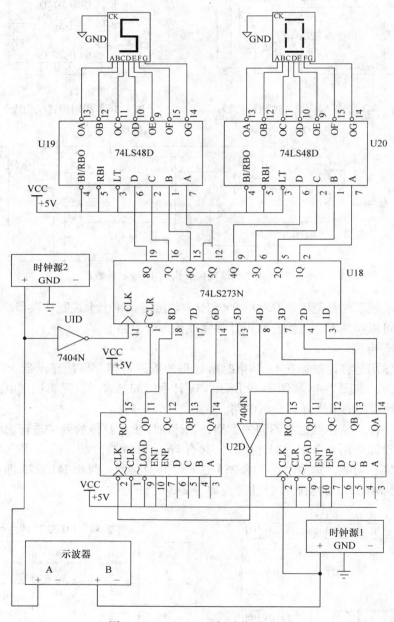

图 2-59　74LS273 逻辑功能测试图

（5）控制电路

控制电路是系统的核心，它决定了频率计如何按照时序逻辑关系工作。归纳起来，应该有三个关键的时间节点任务。一是当基准时间到来的那一瞬间（即 T 从低电平变为高电平的时刻），计数器即开始计数；二是当计数结束的瞬间（即 T 从高电平变为低高电平的时刻），应提供锁存信号给锁存器，将计数结束时的计数结果锁存起来；三是当锁存完成后，应提供清零信号将计数器清零，以便为下一次新的频率测量做准备。显然，这三个时间节点之间的关系符合我们在理论课中学习过单稳态电路的定义，也就是说，当触发信号到来，电路会从原先的稳态进入到暂态，维持一段时间后自动回到稳态。具体而言，就是基准信号 T 的下降沿使锁存信号 L 进入到暂态（由低电平变为高电平，并持续一段时间），锁存信号的下降沿使清零信号 R 进入到暂态（由高电平变为低电平，并持续一段时间）。设计任务中提到总的响应时间低于 2s，即信号输入完毕后 2s 内显示出被测信号频率，也就是说锁存信号 L 的暂态和清零信号 R 的暂态应该在 2s 内完成。

　　根据上述分析，选用集成单稳态触发器 74LS123 来完成此项功能，74LS123 是一个可多重触发的双单稳态触发器，其功能表如表 2-35 所示。

表 2-35　74LS123 功能表

输　　入			输　　出	
$\overline{R_D}$	A	B	Q	$\overline{Q}$
0	X	X	0	1
X	1	X	0	1
X	X	0	0	1
1	0	↑	⊓	⊔
1	↓	1	⊓	⊔
↑	0	1	⊓	⊔

　　由 74LS123 的功能表可得，当 $\overline{R_D}=1$，B = 1、触发脉冲从 A 端输入时，在触发脉冲的负跳变作用下，输出端 Q 可获得一正脉冲。74LS123 暂态脉宽的计算公式是：

$$t_W = 0.45 R_{ext} C_{ext}$$

　　若要求暂态脉宽为 0.02s，取 $R_{ext}=10k\Omega$，则 $C_{ext}=t_W/0.45R_{ext}=4.4\mu F$，取标称值 $4.7\mu F$ 即可。单稳态触发器 74LS123 的逻辑功能测试图如图 2-60 所示（注：此处只使用了其中的一个单稳态），可在 13 引脚 1Q 输出端接一个发光二极管，观察灯亮的情况，改变电阻或电容，再观察灯亮的情况。

　　如果将 1Q 接到第二个触发器的 2A，则对应 1Q 的负跳变可在 2Q′ 得到相应负跳变，故其波形关系正

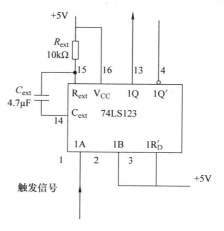

图 2-60　74LS123 逻辑功能测试图

好满足图频率计中信号 L 和 R 之间的时序要求，认真思考一下，并试着将两部分连接起来，完成频率计的锁存信号和清零信号。

（6）完成最终设计

可以先通过 Multisim 等仿真软件对总体电路进行逻辑功能测试，如果满足设计要求，再

连接实际电路验证。

5. 预习要求

1）认真复习知识要点所述内容。

2）查找书后附录，画好进行实验用各芯片引脚图及实验接线图。

3）做好各相关测试记录表格。

6. 实验器材

1）数字实验系统。

2）中规模集成电路 555 定时器、74LS123 各 1 片；74LS273 一片；74LS160、74LS48、共阴极数码管各 4 片，常用基本逻辑门集成电路若干，常用电阻若干，连接导线若干。

3）数字万用表 1 块。

7. 实验报告要求

1）画出设计框图、各功能模块电路图、总电路图。

2）整理实验数据和结果。

3）总结设计体会。

8. 思考题

1）对比组合逻辑电路和时序逻辑电路的设计实验，总结二者在输入输出逻辑关系上最主要的区别是什么？举例说明。

2）由 555 定时器构成的多谐振荡器的振荡频率主要由哪些元件决定？

3）利用 555 定时器设计施密特触发器实现波形变换，将三角波转换为方波。

4）同步计数器和异步计数器最主要的区别是什么？举例说明。

5）单稳态触发器的暂态脉冲宽度由哪些元件决定？

第3部分 电子课程设计

3.1 函数发生器电路的设计

1. 题目概述

函数发生器一般是指能自动产生正弦波、三角波、方波及锯齿波、阶梯波等电压波形的电路或仪器。根据用途不同，有产生三种或多种波形的函数发生器，使用的器件可以是分立器件（如视频信号函数发生器 S101 全部采用晶体管），也可以采用集成电路（如单片函数发生器模块 5G8038）。为进一步掌握电路的基本理论及实验调试技术，本课题要求设计由集成运算放大器与晶体管差分放大器共同组成的方波 – 三角波 – 正弦波函数发生器。

2. 设计任务

1）设计内容为方波 – 三角波 – 正弦波函数发生器。性能指标要求：

① 频率范围：$100\text{Hz} \sim 1\text{kHz}$，$1 \sim 10\text{kHz}$。

② 输出电压：方波 $U_{p-p} = 24\text{V}$，三角波 $U_{p-p} = 6\text{V}$，正弦波 $U > 1\text{V}$。

③ 波形特征：方波 $t_r < 10\mu\text{s}$（1kHz，最大输出时），三角波失真系数 $\gamma < 2\%$，正弦波失真系数 $\gamma < 5\%$。

2）可以采用双运放 μA747 差分放大器设计，也可以用其他电路完成。通过查找资料选定两个以上方案，进行方案比较论证，确定一个较好的方案。

3）使用电源 AC220V。

4）发挥部分

① 矩形波占空比 50% ~95% 可调。

② 另一设计方案：首先产生正弦波，然后通过整形电路将正弦波变换成方波，再由积分电路将方波变成三角波。

3. 设计要求

1）开题、调研，查找并收集资料。

2）总体设计，画出框图。

3）单元电路设计。

4）电气原理设计——绘制原理图。

5）列元器件明细表。

6）电路仿真 – 打印仿真结果，并进行分析和说明。

7）电路组装及调试（用面包板搭接电路）。

8）测量调整实验：用示波器进行波形参数测试。

9）用 Protel 绘制印制电路板图。

10）撰写设计说明书（字数 3000 左右，要全面反映以上环节和设计内容，并列出参考资料目录，最后总结本次设计的心得和体会）。

11）鼓励创新，要求每个人独立完成。

12）完成组装调试等全过程需要在两周时间内完成，如果不选做组装调试和设计印制电路板，仅需一周时间。

4. 设计提示

用运算放大器组成比较器产生方波，将方波输入用运放组成的积分器可以产生三角波，三角波在一定条件下利用差分放大器可以变换为正弦波。

3.2 数字频率计设计

1. 题目概述

数字频率计是用来测量各种信号频率的一种装置，在测量转速、振动频率等方面应用极其广泛。本次所要求设计的数字频率计可以测量正弦波、方波、三角波和各种脉冲信号的频率。

2. 设计任务

1）频率测量范围为 1Hz ~ 9.999kHz，测量结果用 4 个 LED 数码管显示。

2）被测信号为正弦波、三角波和矩形波等，被测信号幅值范围 100mV ~ 15V。

3）总的响应时间低于 2s，即信号输入后 2s 内显示出被测信号频率。

4）测量相对误差范围 ±0.1%。

3. 设计要求

1）开题、调研，查找并收集资料。

2）总体设计，画出框图。

3）单元电路设计。

4）电气原理设计——绘制原理图。

5）列元器件明细表。

6）电路仿真 – 打印仿真结果，并进行分析和说明。

7）电路组装及调试（用面包板搭接电路）。

8）测量调整实验：接上倍频电路，测量输出频率；用 555 搭接一个振荡器，测量其输出频率，再用数字万用表频率档或频率表测量校验。

9）撰写设计说明书（字数 3000 左右，要全面反映以上环节和设计内容，并列出参考资料目录，最后总结本次设计的心得和体会）。

10）鼓励创新，要求每个人独立完成。

11）要求在两周时间内完成。建议一部分学生做 3.1 项目，一部分做 3.2 项目，可以把学生制作的函数发生器的信号用学生制作的频率计进行检测，学生会更有兴趣。

4. 设计提示

1）参考框图如图 3-1 所示。其中 f_X 为传感器送出的检测信号（可以选用霍耳式光电传感器，其原理见有关参考书）。在进行仿真实验时，可以用虚拟信号发生器，输出锯齿波或方波信号代替 f_X。

2）参考器件：晶振（32768Hz）、CC4060、CC40106、74LS160、74LS75、74LS47、共阳极数码管。

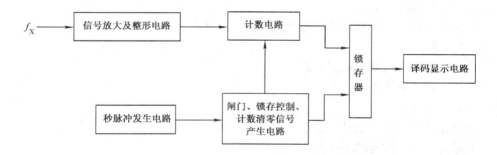

图 3-1　数字频率计原理框图

3.3　臭氧发生器电路设计

1. 题目概述

臭氧（O_3）是一种强氧化剂。适量臭氧可以起到杀灭环境中的病菌，净化空气的作用；高浓度的臭氧可以给医院病房、手术室灭菌消毒，而且由于气体可以进入任意缝隙和空间，比紫外线消毒更具优越性。臭氧还可以用于纯净水消毒、游泳池水净化以及工业废水处理等。但臭氧稳定性很差，在常温下会自行分解为氧气，所以臭氧不能储存，只能边生成边利用。臭氧发生器适用于医院诊室、接待室和家庭。

设计应考虑以下要求：①一般在室内有人时，用于空气"清新"，臭氧浓度不宜过大，可采用每隔半小时电路提供 5min 臭氧，间断工作；而室内无人时，用于"消毒"，则连续发生臭氧 1h 后自动停机。因此工作方式设置两档；②由于臭氧比空气重，在正常使用时一般将发生器放置在比较高的位置，为方便使用，需要增加遥控切换电路。

2. 设计任务

1）主电路设计。主电路由三部分组成：

① 振荡电路，要求振荡频率 $f = 20 \sim 30\text{kHz}$。

② 功率放大电路。

③ 升压变压器，将输出电压变到 3000V，供给放电器件。这里规定采用电压比为 10:3000 的高频变压器。采用高电压下尖端放电或陶瓷沿面放电技术产生臭氧，可以提高效率。本设计规定采用 200mg/h 的陶瓷放电器件，型号 N - 20。放电器件符号如图 3-2 所示。

采用小型风机将产生的臭氧从机器内排出。

2）控制电路设计

①"清新"方式：控制振荡器 5min 工作，30min 停止，交替进行。

②"消毒"方式：控制振荡器连续工作 1h 后，停止工作。

③ 两档的切换应用遥控器控制操作（或用开关手动操作）。

3）遥控电路设计

① 控制"清新""消毒"两档遥控切换。

图 3-2　放电器件符号

② 简单的切换状态显示。

4）电源电路设计。本设计供电电源 AC220V，功率不超过 20W。

3. 设计要求

1）开题、调研，查找并收集资料。

2）总体设计，画出框图。

3）单元电路设计。

4）电气原理设计——绘原理图。

5）参数计算——列元器件明细表。

6）印制电路板设计及工艺设计。

7）电路仿真－打印仿真结果及关键点的波形，并进行分析和说明。

8）撰写设计说明书（字数 3000 左右，要全面反映以上环节和设计内容，并列出参考资料目录，最后总结本次设计的心得和体会）。

9）鼓励创新，要求每个人独立完成。

4. 设计提示

1）主电路和放电器件部分可以采用现成的套件。

2）如果采用面包板插接，要注意高压部分需要另外连接，不能使用同一块面包板。

3）可以采用一部分一部分地搭接电路，先完成主电路，可以生成臭氧了，再连接"清新"部分，再连接"消毒"部分，再制作遥控部分等。

4）每做一部分最好做一个制作记录，全部完成后就会感到很有收获。

5）本项目一般需要两周时间。

3.4 多功能报警器设计

1. 题目概述

电子报警器涉及范围广，从家庭防盗到工农业、餐饮娱乐业上的各方面都有应用，不同的场合报警器的功能不一，因而其电路的设计也不尽相同。本课题针对家庭进行报警器的多功能设计。家庭防盗报警类型较多，这里考虑到一般家庭需要下面几个功能：①煤气泄漏时作出报警；②玻璃破碎时作出报警；③主人不在家，门窗被打开会报警。有了这三个功能，则基本满足家庭防盗报警要求。其次，考虑报警信号传输方式，可有两种选择：第一是通过电话进行远距离传送，智能化处理；第二为通过无线电进行发送，这种方法简单易行。

2. 设计任务

1）传感器及相关电路的设计

① 传感器或其他探测器：把煤气、玻璃破碎、门窗非正常打开等有关信号转换成不同的电信号。

② 放大电路把电信号进行放大。

③ 信号比较电路把放大的电信号和基准信号进行比较。

2）主电路设计。主电路主要进行报警的设定和解除以及报警信号的处理，三种报警信号要有区别。

3）信号发送、接收电路的设计。报警信号通过无线电进行传送和接收。

4）报警执行电路的设计。报警信号可控制报警执行电路，执行电路最终控制执行器件来实现声、光等报警效果。

5）供电电源电路的设计。

3. 设计要求

1）开题、调研，查找并收集资料。

2）总体设计，画出框图。

3）单元电路设计。

4）电气原理设计——绘制原理图。

5）列元器件明细表。

6）电路仿真－打印仿真结果，并进行分析和说明。

7）电路组装及调试（用面包板搭接电路）。

8）测量调整实验：检测煤气泄漏时的报警功能，检测玻璃破碎时的报警功能，检测门窗非正常打开时的报警功能。

9）撰写设计说明书（字数3000左右，要全面反映以上环节和设计内容，并列出参考资料目录，最后总结本次设计的心得和体会）。

10）鼓励创新，要求每个人独立完成。

11）一般要求在两周时间内完成。

4. 设计提示

1）查阅有关资料，进行各单元电路设计。

① 了解传感器的有关知识，设计变送器，使其输出某一低电平信号，其框图如图3-3所示。

② 主电路的设计。主电路采用专用集成电路，该电路能对报警信号进行设置和处理。

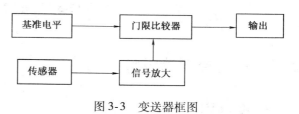

图3-3　变送器框图

③ 信号发送、接收电路的设计。信号通过无线电进行传送和接收，可采用分立元件，也可采用专用的收发模块，其信号发送单元框图如图3-4a所示，信号接收单元框图如图3-4b所示。

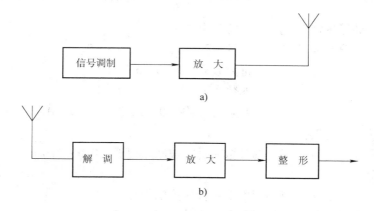

a)

b)

图3-4　信号发送、接收单元电路框图

④ 报警器常用声音或灯光做报警信号。常用的器件有：蜂鸣器、电磁阀、晶闸管、继电器等。

2）总体方案设计。把各单元电路进行比较，得出总体方案，最后选定性价比高，又容易实现的方案。该设计的参考框图发射部分如图 3-5a 所示，接收部分如图 3-5b 所示。

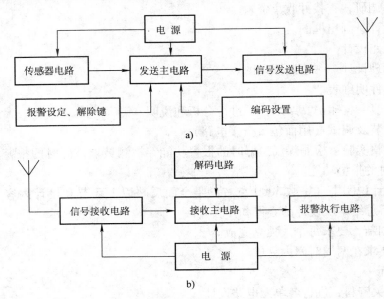

图 3-5　发送、接收总框图

3.5　彩灯控制器设计

1. 题目概述

广告牌或娱乐场所，往往把多组彩灯设计成按一定规律不断循环变化，以获得良好的观赏性。本课题采用简单的数字电路实现 7 组彩灯的多种变化，使电路具有较好的实用性，整个设计理论性强，调试简单，工作稳定。

2. 设计任务

1）用一个 LED 数码管的每一段代表一组彩灯。

2）按数字循环显示四种序列：自然数列　0，1，2，…，9。

奇数数列　1，3，5，7，9。

偶数数列　0，2，4，6，8。

音乐符号数列 0，1，2，…，7，0，1。

3）具有显示、清零功能。

4）数码显示快慢连续调节（即计数时钟方波频率可调，0.5～2Hz）。

5）发挥部分：

① 用多个 LED 数码管同时实现以上 4 种序列的循环。

② 用 4 个 LED 数码管，交替实现以上 4 种序列的循环。

3. 设计要求

1）开题、调研，查找并收集资料。

2）总体设计，画出框图。

3）单元电路设计。

4）电气原理设计——绘制原理图。

5）列元器件明细表。

6）电路仿真 – 打印仿真结果，并进行分析和说明。

7）电路组装及调试（用面包板搭接电路）。

8）测量调整实验：多组彩灯变换功能测试。

9）撰写设计说明书（字数 3000 左右，要全面反映以上环节和设计内容，并列出参考资料目录，最后总结本次设计的心得和体会）。

10）鼓励创新，要求每个人独立完成。

11）要求在两周时间内完成。

12）拓展要求：如果用红、黄、蓝、绿四种颜色的 LED 灯带（自带驱动电源）作为控制对象，要求对其进行控制。

4. 设计提示

1）参考原理框图如图 3-6 所示。

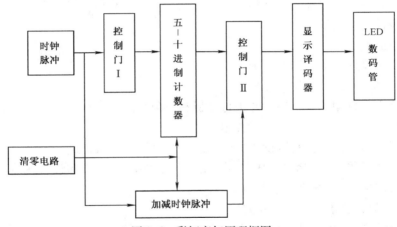

图 3-6 彩灯变幻原理框图

2）计数器采用五 – 十进制计数器。

3）4 种显示数列需考虑计数器 $\overline{CP_B}$ 的输入及 Q_A、Q_D 与译码器 A、D 的输入的关系，具体输入、输出关系见表 3-1。

表 3-1 计数器、译码器的输入、输出关系

显示数列	$\overline{CP_B}$ 的输入	A、D 的输入
自然数列	$\overline{CP_B} = Q_A$	$A = Q_A$ $D = Q_D$
奇数列	$\overline{CP_B} = CP$	$A = 1$ $D = Q_D$
偶数列	$\overline{CP_B} = CP$	$A = 0$ $D = Q_D$
音乐符号数列	$\overline{CP_B} = Q_A$	$A = Q_A^{'}$ $D = 0$

4）建议控制门采用 D 触发器设计。

3.6　密码电子锁电路设计

1. 题目概述

多年来人们普遍使用的机械锁结构单一，防盗功能差，钥匙携带不方便且易丢失，造成麻烦。应用现代电子技术组成的密码电子锁可以克服以上缺点。用户只要记住密码，就可以很方便地开、关门，万一密码泄露，还可以在不改变锁的结构的情况下很方便地修改密码。具有很强的防盗功能。

2. 设计任务

设计密码锁电路，要求如下：

1）编码及操作按键为 0~9，在户外。0 键同时作门铃按钮。

2）在内部设置密码开关。

3）设计开锁密码逻辑电路。

4）开锁控制电路。

5）报警电路。3 次输入密码错误进行报警。

6）门铃电路设计。

3. 设计要求

1）开题、调研，查找并收集资料。

2）总体设计，画出框图。

3）单元电路设计。

4）电气原理设计——绘制原理图。

5）参数计算——列元器件明细表。

6）电路仿真–打印仿真结果，并进行分析和说明。

7）电路组装及调试（用面包板搭接电路）。

8）测量调整实验：进行密码设定测试，进行密码修改测试，进行报警功能测试。

9）撰写设计说明书（字数 3000 左右，要全面反映以上环节和设计内容，并列出参考资料目录，最后总结本次设计的心得和体会）。

10）鼓励创新，要求每个人独立完成。

11）要求在一周时间完成，7）、8）两项可以根据时间选做。

4. 设计提示

1）参考框图如图 3-7 所示。

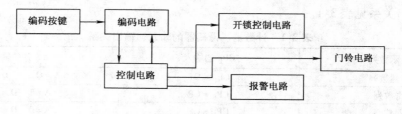

图 3-7　密码锁框图

2）该题的主要任务是产生一个开锁信号，而开锁信号的形成条件是：输入代码和已设置的密码相同。实现这种功能的电路有多种。由图3-7可知，每来一个输入时钟，编码电路的相应状态就向前前进一步。在操作过程中，按照规定的密码顺序，按动编码按键，编码电路的输出就跟随这个代码的信息。正确输入编码按键的数字，通过控制电路供给编码电路时钟，一直按规定编码顺序操作完，则驱动开锁电路把锁打开。用十进制计数器/分配器CC4017的顺序脉冲输出功能可以实现密码锁的功能。

3）开锁控制电路的执行元件为电磁铁。该单元电路只需要输出开关量即可。

4）门铃电路采用的集成电路如图3-8所示。

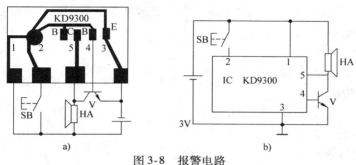

图3-8　报警电路

a）封装接线图　b）应用电路图

5）参考器件：9013、CC4017、555等及其他阻容元件。

3.7　音响放大器设计

1. 题目概述

性能优异的音响放大器是高级音响设备的主体，它包括高保真度宽频带放大器、高低频提升电路、混响电路等。对这些电路的设计要达到的目的是：通过对电子技术课程的学习，进行实际电路的设计，从而完成把书本知识运用到实际的过渡，并进行工程实践的基本训练。

为进行小系统电路设计的综合训练，本题目要求设计一种具有电子混响、音调控制的音响放大器。通过本课题的设计，要求了解小信号放大器、功率放大器、音调放大器等电路和其他外围电路的设计与主要性能的测试方法；了解和掌握对于多功能小型电子线路系统的安装调试基本技能与技巧，特别是整机的调试方法。并掌握电路的计算机仿真的方法。

音响放大器的基本组成如图3-9所示。

2. 设计任务

1）传声器放大器和前置放大器。由于传声器的输出信号一般只有5mV左右，而输出阻抗达到20kΩ（亦有低输出阻抗的话筒如20Ω、200Ω等），所以传声器放大器的作用是不失真地放大音频信号（最高频率达到20kHz）。其输入阻抗应远大于话筒的输出阻抗。前置放大器要求失真小，通频带要求宽。

2）电子混响器。电子混响器的作用是用电路模拟声音的多次反射，产生混响效果，使声音听起来具有一定的深度感和空间立体感。该部分电路有专用电路可以选用，不作设计要求。

3）音调控制器。音调控制器的作用是控制、调节音响放大器输出频率的高低，音调控制器只对低音频或高音频的增益进行提升或衰减，中音频增益保持不变。这部分参考电路很多，要求通过仿真进行选取，并进行必要的计算。

4）功率放大器。功率放大器的作用是给音响放大器的负载 R_L（扬声器）提供一定的输出功率。当负载一定时，希望输出的功率尽可能大，输出信号的非线性失真尽可能地小，效率尽可能高。

功率放大器的常见电路形式有单电源供电的 OTL 电路和正负双电源供电的 OCL 电路。有专用集成电路功率放大器芯片。建议采用由集成运算放大器和晶体管组成的功率放大器，要求进行必要的运算和计算机仿真。

5）设计参数

① 放大器的失真度 <1%。

② 放大器的功率 ≤1W。

③ 放大器的频响为 50Hz～20kHz。

④ 音调控制特性为自选。

6）电路安装与调试技术

① 合理布局，分级安装。

② 电路调试。

③ 整机功能试听。

3. 设计要求

1）开题、调研，查找并收集资料。

2）总体设计，画出框图。

3）单元电路设计。

4）电气原理设计——绘制原理图。

5）列元器件明细表。

6）电路仿真–打印仿真结果，并进行分析和说明。

7）电路组装及调试（用面包板搭接电路或者制作印制电路板并组装、调试电路）。

8）测量调整实验。测试各功能块话筒放大器、电子混响器、前置放大器、音调控制器、功率放大器功能。整机功能调试，注意个部分功能的衔接，及时修改调整电路。待整机调试完成后，再画出最后的整机电路图。

9）撰写设计说明书（字数 3000 左右，要全面反映以上环节和设计内容，并列出参考资料目录，最后总结本次设计的心得和体会）。

10）应用 Protel 绘制印制电路板图（选作）。

11）鼓励创新，要求每个人独立完成。

12）要求在两周时间内完成。

4. 设计提示

1）参考框图如图 3-9 所示。

2）音调控制器有专用集成电路，如五段音调均衡器 LA3600，外接发光二极管频段显示器后，可以看见各个频段的增益提升与衰减变化。在高中档收录机、汽车音响等设备中广泛

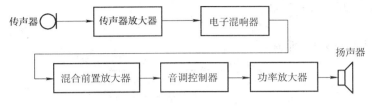

图 3-9　音响放大器框图

采用集成电路音调控制器。也有用运算放大器构成的音频控制器，这种电路调节方便，元器件较少，在一般的收音机、音响放大器中应用较多。运算放大器可选用四运放 LM324。

3）传声器放大、前置放大，可采用集成运算放大器。

4）功率放大可采用集成功率放大器。

3.8　交通信号灯控制逻辑电路设计

1. 题目概述

十字交通路口的红绿灯指挥着行人和各种车辆安全运行。对十字路口的交通灯进行自动控制是城市交通管理的重要课题。

2. 设计任务

1）主干道方向通行，支干道方向禁止通行（主干道方向的绿灯亮，支干道方向的红灯亮），历时 1min。

2）主干道方向停车（主干道方向停车线以外的车辆禁止通行，停车线以内的车辆通过），支干道仍然禁止通行（主干道方向的黄灯亮，支干道方向的红灯亮），历时 10s。

3）主干道方向禁止通行，支干道方向通行（主干道方向的红灯亮，支干道方向的绿灯亮），历时 1min。

4）主干道方向仍然禁止通行，支干道方向停车（主干道方向的红灯亮，支干道方向的黄灯亮），历时 10s。之后又返回至第一步循环。

5）发挥部分。交通灯亮时，同时进行倒计时数字显示。

3. 设计要求

1）开题、调研，查找并收集资料。

2）总体设计，画出工作流程示意图。

3）单元电路设计。

4）电气原理设计——绘制原理图。

5）列元器件明细表。

6）电路仿真 – 打印仿真结果，并进行分析和说明。

7）电路组装及调试（用面包板搭接电路或者制作印制电路板并组装、调试电路）。

8）测量调整实验：交通控制功能测试。

9）撰写设计说明书（字数 3000 左右，要全面反映以上环节和设计内容，并列出参考资料目录，最后总结本次设计的心得和体会）。

10）鼓励创新，要求每个人独立完成。

11）要求在两周时间内完成。

4. 设计提示

1）参考框图如图 3-10 所示。

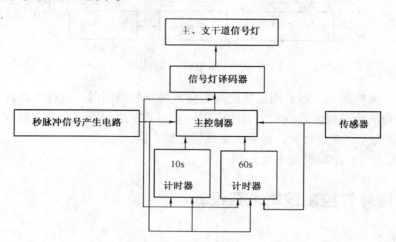

图 3-10 交通信号灯控制原理框图

2）主控制器电路设计提示 主干道和支干道各有三种灯（红、绿、黄），在正常工作时，发亮的灯只有 4 种可能：

① 主绿灯和支红灯亮，主干道通行。

② 主黄灯和支红灯亮，主干道停车。

③ 主红灯和支绿灯亮，支干道通行。

④ 主红灯和支黄灯亮，支干道停车。

可根据这四种可能选择变量画出状态转换图、进行状态分配、列状态转换表，求状态方程、写出驱动方程，最后画逻辑电路图。

3）60s、10s 计时电路的设计提示。这两种计时器不仅需要"s"脉冲时钟信号，还应受主控制器的状态和传感器信号的控制。如 60s 计时器应在主、支干道均有车，主控制器进入"主干道通行"时开始计时，等到 60s 后主控制器发出信号并产生复位脉冲使该计时器复零。

3.9 智力竞赛抢答器逻辑电路设计

1. 题目概述

在进行智力竞赛时，常常需要反应准确、显示方便的抢答装置。该课程设计题目就是以中规模集成电路为主，设计一种多路抢答器。

2. 设计任务

1）设计一个 8 人智力竞赛抢答电路，用 0、1、2、3、4、5、6、7 表示 8 位选手，各用一个抢答按键，按键的编号与选手的编号相对应。

2）主持人控制一个按键，作用是整个系统的清零以及抢答的开始。

3）抢答器带有数据锁存和显示的功能。抢答开始后，若有选手按动按键，则其编号立即在 LED 数码管上显示出来，并锁存该信号，扬声器给出音响提示。同时，禁止其他选手再抢答。

4）抢答器具有定时抢答的功能，主持人可以根据需要设定该时间。当主持人启动开始按键后，则定时器进入减计时并在数码管上显示剩余时间。

5）参赛选手在设定的时间内进行抢答，则抢答有效，定时器停止工作，显示器上显示抢答时刻的时间，并保持到主持人将系统清零为止。

6）如果在设定时间内没有选手抢答，则本次抢答无效，系统封锁输入电路，禁止选手超时后抢答，定时器上显示 00。

7）发挥部分：

① 当选手的编号在 LED 数码管上显示出来的同时，扬声器给出音响提示。

② 当主持人启动开始按键后，定时器进入减计时并在数码管上显示剩余时间的同时，扬声器发出短暂的声响，声响持续时间 1s。

③ 用 Protel 绘制印制电路板图。

3. 设计要求

1）开题、调研，查找并收集资料。

2）总体设计，画出框图。

3）单元电路设计。

4）电气原理设计——绘制原理图。

5）列元器件明细表。

6）电路仿真－打印仿真结果，并进行分析和说明。

7）电路组装及调试（用面包板搭接电路或者制作印制电路板并组装、调试电路）。

8）测量调整实验：抢答功能测试。

9）撰写设计说明书（字数 3000 左右，要全面反映以上环节和设计内容，并列出参考资料目录，最后总结本次设计的心得和体会）。

10）鼓励创新，要求每个人独立完成。

11）要求在两周时间完成。

4. 设计提示

1）总体原理框图。定时抢答器由主体电路和扩展电路两部分组成，主体电路完成基本的抢答功能，当选手按动抢答键时，显示选手的编号，同时封锁输入电路，禁止其他选手抢答。扩展电路完成定时抢答和发声报警提示的功能。总体框图如图 3-11 所示。

2）电路参考方案。可采用 8 线－3 线优先编码器（74LS148），利用其编码的功能及其他扩展功能端，对抢答信号编码、通过锁存器锁存并将号码显示，同时通过门控电路使74LS148 禁止继续工作。定时电路可通过集成计数器对脉冲信号进行计数实现。参考电路如图 3-12 所示。

说明：所需脉冲信号由 555 定时器可以实现。

3）主要参考元器件。集成电路芯片：74148、74279、7448、74192、NE555、7400、74121；晶体管 9013、发光二极管、共阴极数码管、音乐集成电路芯片或扬声器、按键、控制开关、电阻、电容等。

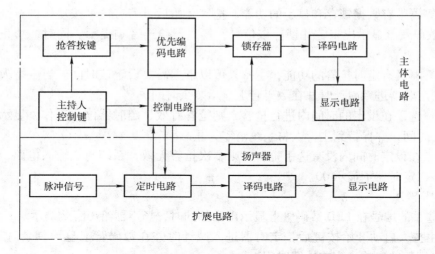

图 3-11　智力竞赛抢答器原理框图

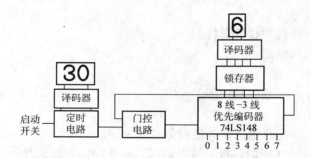

图 3-12　智力抢答器参考电路

3.10　数字电子钟电路设计

1. 题目概述

本课题是数字电路中计数、分频、译码、显示及时钟脉冲振荡器等组合逻辑电路与时序逻辑电路的综合应用。通过设计与学习，要求掌握多功能数字电子钟电路的设计方法及数字钟的扩展应用。

2. 设计任务

1）准确计时，以数字形式显示时、分、秒的时间。

2）小时的计时要求为"12 进位"，分和秒的计时要求为 60 进位。

3）校正时间。

4）发挥部分

① 定时控制。

② 仿广播电台整点报时。

③ 日历系统。

3. 设计要求

1）开题、调研，查找并收集资料。

2）总体设计，画出框图。

3）单元电路设计。

4）电气原理设计——绘制原理图。

5）列元器件明细表。

6）电路仿真－打印仿真结果，并进行分析和说明。

7）电路组装及调试（用面包板搭接电路或者制作印制电路板并组装、调试电路）。

8）测量调整实验：对时、分、秒进行校对测试，对闹钟功能、报时功能进行测试。

9）撰写设计说明书（字数 3000 左右，要全面反映以上环节和设计内容，并列出参考资料目录，最后总结本次设计的心得和体会）。

10）鼓励创新，要求每个人独立完成。

11）要求在两周时间完成。

4. 设计提示

1）参考框图如图 3-13 所示。

2）仿电台报时。其功能要求是每当数字钟计时到整点（或快要到整点时）发出音响，通常按照 4 低音 1 高音的顺序发出间断声响，以最后一声高音结束的时刻为整点时刻。可以设 4 声低音（约 500Hz）分别发生在 59 分 51 秒、53 秒、55 秒及 57 秒，最后一声高音（约 1000Hz）发生在 59 分 59 秒，它们的持续时间为 1s。由此可见报时时，分十位和分个位计数器的状态是不变的，为 59 分；秒十位计数器的状态为 $(Q_D Q_C Q_B Q_A)_{DS2} = 0101$，也不变。只有秒个位计数器 Q_{DS1} 的状态可用来控制 1000Hz 和 500Hz 的音频。表 3-2 列出了秒计数器的状态，由表可得 $Q_{DS1} =$ "0" 时为 500Hz 输入音响，$Q_{DS1} =$ "1" 时 1000Hz 输入音响。

3）定时控制。有时需要数字钟在规定的时刻发出信号并驱动音响电路进行 "闹时"，这就要求时间准确，即信号的开始时刻与持续时间必须满足规定的要求。本设计要求上午 7:59 分发出闹时信号，持续时间为 1 分钟。这就需要将 7:59 对应数字钟的时个位计数器状态、分十位计数器状态、分个位计数器状态。若将上述计数器输出为 "1" 的所有输出端经过与门电路去控制音响电路就可以使音响电路正好在 7:59 响，持续 1 分钟后（即 8 点时）停响。

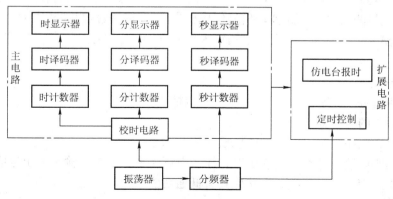

图 3-13 数字电子钟框图

表 3-2 秒个位计数器的状态

CP/S	Q_{DS1}	Q_{CS1}	Q_{BS1}	Q_{AS1}	功 能
50	0	0	0	0	
51	0	0	0	1	鸣低音
52	0	0	1	0	停
53	0	0	1	1	鸣低音
54	0	1	0	0	停
55	0	1	0	1	鸣低音
56	0	1	1	0	停
57	0	1	1	1	鸣低音
58	1	0	0	0	停
59	1	0	0	1	鸣高音
60	0	0	0	0	停

4）校时控制。校时电路在刚接通电源或钟表走时出现误差时进行时间校准。校时电路可通过两个功能键进行操作，即工作状态选择键 P_1 和校时键 P_2 配合操作完成计时和校时功能。当按动 P_1 键时，系统可选择计时、校时、校分、校秒等四种工作状态。连续按动 P_1 键时，系统按上述顺序循环选择（通过顺序脉冲发生器实现）。当系统处于后三种状态时（即系统处于校时状态下），再次按下 P_2 键，则系统以 2Hz 的速率分别实现各种校准。各种校准必须互不影响，即在校时状态下，各计时器间的进位信号不允许传送。当 P_2 键释放，校时就停止。按动 P_1 键，使系统返回计时状态时，重新计时。

5）参考器件：74LS90、74LS48、74LS92、555、BS202 及阻容元件等。

3.11　数字测温计电路设计

1. 题目概述

本电路用于酿酒厂在生产过程中测量酿造罐的温度，其温度变化范围为 20 ~ 100℃，要求具有数字显示功能。它包括传感器、精密测量放大系统、A – D 转换、显示电路等 4 部分。由于在非电量测量时，传感器输出的信号相当小，其等效内阻却相当大，为了提高测量精度以及抗共模干扰信号能力，要求电路输入级应选择高输入阻抗、高共模抑制比的精密测量放大器。

2. 设计任务

1）温度测量范围：20 ~ 100℃，数字显示位数 4 位。

2）选择适当的传感器。

3）设计放大电路，确定电路的电压放大倍数 A_v。

4）具有调零电路，即在电桥平衡时，输入电压为零，电路的输出电压也应为零。

5）为减少或消除外界干扰，电路应具有低通功能。

6）测量精度 0.1℃。

7）发挥部分：数字体温计设计。

① 测量温度范围：35 ~ 45℃。

② 数字显示位数为 3 位。显示精度 ±0.1℃。

③ 响应时间 <5s。

④ 测试完成后，自动发出短促的鸣叫声，进行提示。

3. 设计要求

1）开题、调研，查找并收集资料。

2）总体设计，画出框图。

3）单元电路设计。

4）电气原理设计——绘制原理图。

5）列元器件明细表。

6）电路仿真 – 打印仿真结果，并进行分析和说明。

7）电路组装及调试（用面包板搭接电路或者制作印制电路板并组装、调试电路）。

8）测量调整实验：对温度计功能进行测试，对（发挥部分的）体温计功能进行测试。

9）撰写设计说明书（字数 3000 左右，要全面反映以上环节和设计内容，并列出参考资料目录，最后总结本次设计的心得和体会）。

10）鼓励创新，要求每个人独立完成。

11）要求在两周时间完成。

4. 设计提示

1）参考框图如图 3-14 所示。

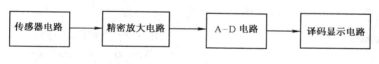

图 3-14　数字温度计原理框图

2）设计思路。温度是一种典型的模拟信号，用数字电路来进行检测就必须将这一非电量先变换成电量（电压或电流），然后将模拟电信号经 A – D 电路变换成数字信号，经译码显示而得到对应的数字。实现温度转换为电量的传感器很多，如热电阻、热电偶、热敏电阻、温敏二极管及温敏晶体管等配合合适的电路即可。比如温敏晶体管在温度发生变化时，be 结的温度系数为 $-2mV/℃$，利用这一特性可以测出环境温度的变化。但由于在 0℃时温敏晶体管的 be 结存在一个电压 U_{BE}，因而需要设计一个调零电路，使温敏晶体管在 0℃时的输出为零，即使显示器的读数为零。当环境温度上升到 100℃时，温敏管 be 结的压降会增加为 $-200mV$，这时应使电路的输出显示读数为 100。

3）体温计参考框图如图 3-15 所示。

4）温度传感器采用对温度响应快的半导体传感器，具体型号可以查阅有关手册。其参考典型特性曲线如图 3-16 所示，对于所测量的温度范围（35 ~ 45℃），可以认为电阻与温度的关系为线性关系。传感器的接线一般采用测量电桥法。

5）放大器可以考虑采用两个集成运算放大器构成的差分放大器。A – D 转换器采用具有 12 位的转换器，如 AD7896，AD7701 等型号。A – D 转换器的输出信号有两路。一路给延时电路，另一路供给显示电路。延时电路从温度计达到 36℃（对应的 A – D 转换器的

BCD 码为 100100）时开始计时，延时 30s 后，鸣叫电路发出鸣叫，提示测量完成。

6）鸣叫电路采用集成电路的电路构成和接线方法如图 3-17 所示。HA 为蜂鸣片。

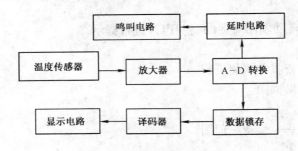

图 3-15　数字体温计参考框图

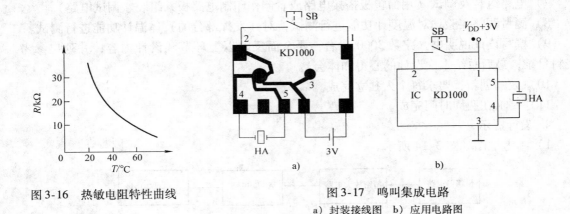

图 3-16　热敏电阻特性曲线　　　　　　图 3-17　鸣叫集成电路
　　　　　　　　　　　　　　　　　　　　a）封装接线图　b）应用电路图

3.12　数显液位测量及控制电路设计

1. 题目概述

工业企业生产中经常要用到液位控制，例如水箱、水塔、油罐等。本课题要求设计一个具有数字显示功能的液位控制装置，同时具有超限报警、超限控制功能。

2. 设计任务

1）检测电路设计要求液位检测和液位设置实用、方便。

2）超限报警和控制电路要求采用无触点控制。

3）显示电路采用 4 位数码管显示，显示液位以 cm 为单位。

4）最大液位控制范围 0～100cm，超限时最高位显示"1"。

3. 设计要求

1）开题、调研，查找并收集资料。

2）总体设计，画出框图。

3）单元电路设计。

4）电气原理设计——绘制原理图。

5）列元器件明细表。

6）电路仿真 – 打印仿真结果，并进行分析和说明。

7）用 Protel 绘制印制电路板图（选做）。

8）电路组装及调试（用面包板搭接电路或者制作印制电路板并组装、调试电路）。

9）测量调整实验：对液位显示功能进行测试；对超限报警功能进行测试；超限控制功能进行测试。

10）撰写设计说明书（字数 3000 左右，要全面反映以上环节和设计内容，并列出参考资料目录，最后总结本次设计的心得和体会）。

11）鼓励创新，要求每个人独立完成。

12）要求在两周时间内完成。

4. 设计提示

1）液位检测可以采用浮子式，但要配合适当的机构才能实现，也可以采用压力传感器检测。

2）由于检测过程中，液位可能是一直在变化的，数字显示会出现闪烁现象，因此需要数据锁存。

3）无触点控制可采用固态继电器或双向晶闸管输出开关信号即可。

3.13 电子脉搏计设计

1. 题目概述

电子脉搏计是用来测量一个人心脏跳动次数的电子仪器，也是心电图的主要组成部分。本电子脉搏计要求实现在 15s 内测量 1min 的脉搏数，并且用数字显示。正常人脉搏数为 60 ~ 80 次/min，婴儿为 90 ~ 100 次/min，老人为 100 ~ 150 次/min。

2. 设计任务

1）放大与整形电路设计。本部分电路的功能是由传感器将脉搏信号转换为电信号，一般为几十毫伏，必须加以放大，以达到整形电路所需的电压，一般为几伏。放大后的信号波形是不规则的脉冲信号，因此必须加以滤波整形，整形电路的输出电压应满足计数器的要求。

2）倍频电路的设计。该电路的作用是对放大整形后的脉搏信号进行 4 倍频，以便在 15s 内测出 1min 内的人体脉搏跳动次数，从而缩短测量时间，以提高诊断效率。

3）基准时间产生电路设计。

4）计数、译码、显示电路设计。该电路的功能是读出脉搏数，以十进制形式用数码管显示出来。

5）控制电路设计。控制电路的作用主要是控制脉搏信号经放大、整形、倍频后进入计数器的时间，另外还应具有为各部分电路清零等功能。

3. 设计要求

1）开题、调研，查找并收集资料。

2）总体设计，画出框图。

3）单元电路设计。

4）电气原理设计——绘制原理图。

5）参数计算——列元器件明细表。

6）电路仿真－打印仿真结果，并进行分析和说明。

7）电路组装及调试（用面包板搭接电路或用印制电路板焊接电路）。

8）测量调整实验：进行人体脉搏测量。

9）撰写设计说明书（字数3000左右，要全面反映以上环节和设计内容，并列出参考资料目录，最后总结本次设计的心得和体会）。

10）鼓励创新，要求每个人独立完成。

11）要求在两周时间内完成。

4. 设计提示

1）参考框图如图3-18所示。

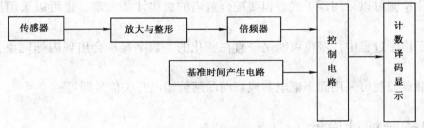

图3-18　电子脉搏计框图

2）传感器可采用声音传感器，作用是通过测量人体脉搏跳动的声音，把脉搏跳动转换为电信号。

3）倍频电路的形式很多，如锁相倍频器、异或门倍频器等，由于锁相倍频器电路比较复杂，成本比较高，所以建议采用异或门组成的4倍频电路，如图3-19所示。

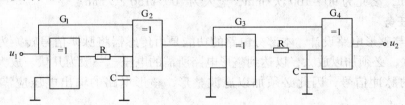

图3-19　4倍频电路

3.14　数字电子秤设计

1. 题目概述

秤是重量的计量器具，不仅是商业部门的基本工具，在各种生产领域和人民日常生活中也得到广泛应用。数字电子秤用数字直接显示被称物体的重量，具有精度高、性能稳定、测量准确及使用方便等优点。

2. 设计任务

1）设计一个数字电子秤，测量范围分成4档，0～1.999kg、0～19.99kg、0～199.9kg、0～1999kg。

2）用数字显示被测重量，小数点位置对应不同的量程显示。

3）测重显示误差精度要求为±5%。

4）应用 EDA 进行仿真设计（对电源、传感器及电桥、放大器进行仿真，打印仿真结果，并加以说明）。

5）扩展部分

① 具有量程自动切换功能或者超量程显示功能。

② 用 Protel 绘制印制电路板图。

③ 制作印制电路板并组装、调试电路。

3. 设计要求

1）开题、调研，查找并收集资料。

2）总体设计，画出框图。

3）单元电路设计。

4）电气原理设计——绘制原理图。

5）参数计算——列元器件明细表。

6）电路仿真－打印仿真结果，并进行分析和说明。

7）电路组装及调试。用面包板搭接电路或用印制电路板焊接电路（组装的电路仅要求 0～1.999kg 一档）。

8）称重测量实验：电子秤上未放置物品时，应显示 0；放置 100g、200g、300g、500g、1000g 砝码，显示重量误差应该≤5%。

9）撰写设计说明书（字数 3000 左右，要全面反映以上环节和设计内容，并列出参考资料目录，最后总结本次设计的心得和体会）。

10）鼓励创新，要求每个人独立完成。

11）要求在两周时间内完成。

4. 设计提示

1）设计思路。用电子秤称重的过程是把被测物体的重量通过传感器转换成电压信号。由于这一信号通常都很小，需要进行放大，放大后的模拟信号经 A－D 变换转换成数字量，再通过译码显示器显示出重量。由于被测物体的重量相差较大，根据不同的测量范围要求，可由电路自动（或手动）切换量程，同时显示器的小数点数位对应不同量程而变化，即可实现电子秤的要求。参考框图如图 3-20 所示。

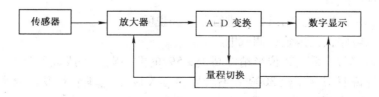

图 3-20　电子秤原理参考框图

2）传感器测量电路通常使用电桥测量电路，应变电阻作为桥臂电阻接在电桥电路中。无压力时，电桥平衡，输出电压为零；有压力时，电桥的桥臂电阻值发生变化，电桥失去平衡，有相应电压输出。此信号经放大器放大后输出应满足模数转换的要求。

量程切换可以采用手动切换。即可以从传感器处采用分压形式，也可以考虑从改变放大器倍数的方法进行量程切换。

3）A–D 转换可以考虑采用 7107，也可以采用其他器件。

4）数字显示要研究一下是采用共阳极还是共阴极 LED 数码管，要考虑驱动电路的配合。

5）要注意小数点显示与测量量程相对应。

6）要注意提示框图中没有电源，要把所需要的电源都设计出来。

7）主要参考元器件：电子秤传感器（300Ω 电阻应变片）、CC7107、7805、7905、LM324、LM339、LED 数码管、电阻及电容等。

8）扩展要求：采用液晶显示。

3.15　数字显示直流电压表设计

1. 题目概述

设计一个直流电压表，并进行校验和检测。

2. 设计任务

1）直流电压表测量量程为：0～5V，0～10V，0～100V，0～500V 共 4 档。

2）要求数字显示 4 位（3 位半）。

3）超量程时最高位显示"1"并有报警提示音。

4）直流电压表测量精度要求为 ±5%。

5）采用 LED 数码管显示。

6）扩展任务 A：采用液晶显示。

7）扩展任务 B：增加直流电流测量功能，量程为：0～5mA，0～10mA，0～100mA，0～500mA 共 4 档。其余要求同上。

3. 设计要求

1）开题、调研，查找并收集资料。

2）总体设计，画出框图。

3）单元电路设计。

4）电气原理设计——绘制原理图。

5）列元器件明细表。

6）电路仿真–打印仿真结果，并进行分析和说明。

7）制作印制电路板并组装、调试电路。

8）测量调整实验。采用 3 位半精度高于 ±5% 的数字电压表或数字万用表进行校验。

9）撰写设计说明书（字数 3000 左右，要全面反映以上环节和设计内容，并列出参考资料目录，最后总结本次设计的心得和体会）。

10）鼓励创新，要求每个人独立完成。

11）要求在两周时间完成。如果只需完成直流电压表的基本要求，则本项目可以与数字电子秤设计题目一起作为扩展要求，增加一周时间完成。

3.16 电动机调速系统电路设计

1. 题目概述

本课题是电动机闭环调速系统的部分电路。利用光-电或磁-电转换装置将转速转换为电脉冲,其脉冲频率正比于电动机转速。脉冲经过 F/V 转换后变成与转速成正比的模拟电压信号,将其送到转速调节器可自动调节转速,达到稳定转速的目的;通过对脉冲进行记数、译码,即可显示电动机转速。本设计可以控制交流电动机也可以控制直流电动机,只要选择不同的可控电源即可。

2. 设计任务

1)电动机转速:0~3000r/min,F/V 电路输出电压范围:0~5V。

2)设计内容:设计实况所涉及的电路包括转速-脉冲变换电路、F/V 电路、计数器、译码器、锁存器、显示器、分信号发生器。

3. 设计要求

1)开题、调研,查找并收集资料。

2)总体设计,画出框图。

3)单元电路设计。

4)电气原理设计——绘制原理图。

5)列元器件明细表。

6)电路仿真-打印仿真结果,并进行分析和说明。

7)电路组装及调试(用面包板搭接电路或者制作印制电路板并组装、调试电路)。

8)测量调整实验:对调速及其数显功能测试。

9)撰写设计说明书(字数 3000 左右,要全面反映以上环节和设计内容,并列出参考资料目录,最后总结本次设计的心得和体会)。

10)鼓励创新,要求每个人独立完成。

11)要求在两周时间内完成。

4. 设计提示

1)参考框图如图 3-21 所示。

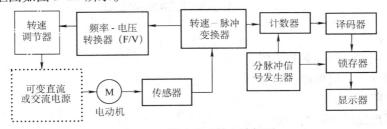

图 3-21 测速及反馈电路框图

2)传感器可采用光-电转换、磁-电转换或霍耳器件,原理可查阅有关传感器的参考书,进行自学。

3)由于电动机转速单位是 r/min,所以,显示的计数脉冲数要以"分"为单位。"分脉冲信号"就是为此设置的。

3.17 步进电动机驱动电路设计

1. 题目概述

步进电动机是用脉冲电流也就是能用数字信号控制转速和旋转方向的电动机。步进电动机停止时仍能保持转矩，使电动机恰好停止在确定的位置上，因此步进电动机与其他电动机有很大不同。

在设计步进电动机驱动电路前，应了解其内部构造及驱动原理。图 3-22 为四相步进电动机的原理图，驱动方式可单相励磁（A→B→C→D）或两相励磁（AB→BC→CD→DA），改变顺序方向，步进电动机即反向旋转。图 3-23 为步进电动机驱动电路框图。

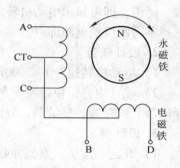

2. 设计任务

1）设计脉冲发生电路，控制步进电动机的转速。

2）步进电动机的正转和反转控制。

3）脉冲分配电路使每个线圈按顺序流过电流。

4）设计电流放大电路。

图 3-22　步进电动机驱动原理框图

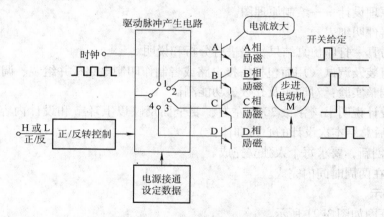

图 3-23　步进电动机驱动电路框图

3. 设计要求

1）开题、调研，查找并收集资料。

2）总体设计，画出框图。

3）单元电路设计。

4）电气原理设计——绘制原理图。

5）列元器件明细表。

6）电路仿真－打印仿真结果，并进行分析和说明。

7）电路组装及调试（用面包板搭接电路或者制作印制电路板并组装、调试电路）。

8）测量调整实验：功能测试。

9）撰写设计说明书（字数 3000 左右，要全面反映以上环节和设计内容，并列出参考资料目录，最后总结本次设计的心得和体会）。

10）鼓励创新，要求每个人独立完成。

11）要求在两周时间内完成。

4. 设计提示

1）时钟电路的频率是控制步进电动机转速的关键参数，设计可采用各种电路形式。

2）正/反转控制电路在电源接通时，要能设定初始数据。

3）环行分配器设计可用 74HC194 或 GAL 电路或其他方法设计。

4）电流放大电路的电感负载（线圈），在其关断时会产生很高的感生电动势，损坏晶体管，应设计好保护电路。

5）参考电路如图 3-24 所示。

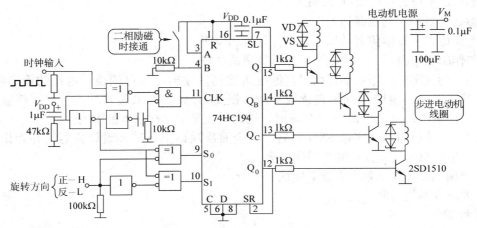

图 3-24　步进电动机的驱动电路

3.18　数字显示输出电压可调的直流稳压电源设计

1. 题目概述

直流稳压电源应用十分广泛，在很多场合需要输出电压连续可调，并同时需要用数码管显示输出电压值。本课题是一个模拟电路和数字电路结合的综合题目。

2. 设计任务

设计并制作一个输出电压可调的直流稳压电源，并用数码管显示输出电压值。要求如下：

1）输出电压可用电位器在 0 ~ 15V 范围内连续可调，最大输出电流 200mA。

2）用三个 LED 数码管作为输出电压的数字显示元件，显示两位整数，一位小数。

3）输出电压显示误差要求≤5%。

4）在调压电位器动端固定在某位置时，当发生下列情况之一时，输出电压变化量之绝对值不超过 0.1V：

① 电网电压在 220V（1 ± 10%）。

② 输出电流在 0 ~ 100mA 范围内变化。

③ 环境温度在 15 ~ 35℃ 范围内变化。

5）输出电压的纹波成分峰 – 峰值（U_{p-p}）不超过 20mV。

6）发挥部分

① 设计过电流保护功能，过电流保护的电流临界值在 200 ~ 300mA 范围内。

② 用 Protel 绘制印制电路板图。

③ 制作印制电路板并组装、调试电路。

3. 设计要求

1）开题、调研，查找并收集资料。

2）总体设计，画出框图。

3）单元电路设计。

4）电气原理设计——绘制原理图。

5）参数计算——列元器件明细表。

6）电路仿真 – 打印仿真结果，并进行分析和说明。

7）制作印制电路板。焊接电路，并组装调试电路。

8）测量调整实验：用数字万用表直流电压档测量输出电压可调稳压电源的输出电压，LED 数码管显示电压值应与万用表读数一致，误差≤5%。如果误差过大，应调整取样电压。调整电源电压，使之在 220V ± 10% 时，输出电压显示也在误差范围内。

9）撰写设计说明书（字数 3000 左右，要全面反映以上环节和设计内容，并列出参考资料目录，最后总结本次设计的心得和体会）。

10）鼓励创新，要求每个人独立完成。

11）要求在两周时间内完成。

4. 设计提示

1）本电路由 3 部分组成：输出电压可调直流稳压电源、输出电压显示电路和为它供电的直流电源。总体框图如图 3-25 所示。

2）主要参考元器件：CC7107、共阳极 LED 数码管、三端稳压器 M317 等。

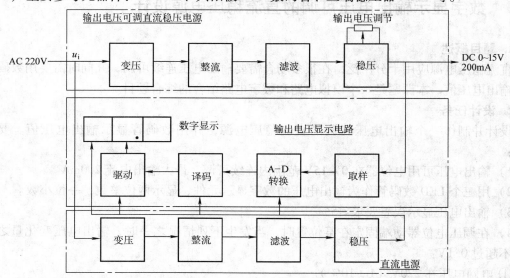

图 3-25　数字显示输出电压可调的直流稳压电源原理框图

3.19　多路无线遥控电路设计

1. 题目概述

遥控电路在日常生活中应用非常普遍，如红外遥控、声控、无线电遥控等，其中无线电遥控由于不用连线、遥控距离远、抗干扰、使用方便等特点越来越得到广泛的应用。

当多路同一频率相互作用时，它们会互相干扰，所以这是本课题设计所要考虑的第一个问题。另外，为了使用方便，如何实现用一个发射器控制多路被控对象，这是需考虑到的第二个问题。

2. 设计任务

1）无线电遥控发射电路。该电路主要由三部分组成，即编码电路、调制电路、功放电路。

2）无线电遥控接收电路。该电路主要由四部分组成，即信号放大电路、解调电路、解码电路、执行电路。

3）电源电路设计。

4）遥控对象为 4 个，用 LED 分别代替。

5）发射功率不大于 20mW，接收机距离发射机不小于 10m。

3. 设计要求

1）开题、调研，查找并收集资料。

2）总体设计，画出框图。

3）单元电路设计。

4）电气原理设计——绘制原理图。

5）列元器件明细表。

6）电路仿真 - 打印仿真结果，并进行分析和说明。

7）制作印制电路板并组装、调试电路。

8）测量调整实验：测试 4 个控制健分别对 4 个控制对象的控制功能。

9）撰写设计说明书（字数 3000 左右，要全面反映以上环节和设计内容，并列出参考资料目录，最后总结本次设计的心得和体会）。

10）鼓励创新，要求每个人独立完成。

11）要求在两周时间内完成。

4. 设计提示

1）本设计可以应用集成发射和接收芯片进行设计，如 RF69 等。

2）设计方案。根据设计任务和要求，首先进行单元电路的设计和选取，然后选取能够符合各项功能要求，而且性价比高，又容易实现的方案。本课题的总体设计参考方框图如图3-26 所示。

① 多路无线发射部分，如图 3-26a 所示。

② 多路无线接收部分，如图 3-26b 所示。

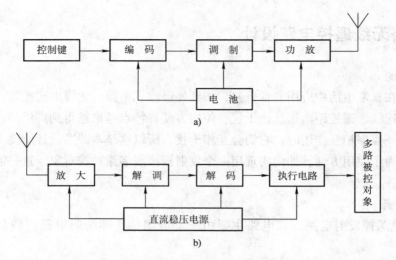

图 3-26 无线遥控电路框图

3.20 红外感应节水开关控制电路设计

1. 题目概述

设计一个红外感应节水开关电路,在人们需要水,而且站在适当的位置时,通过感应装置打开自来水,并在延时一段时间后自动关断,以达到节水的目的。这种电路非常适合用于公共卫生场合,如洗手间等。

2. 设计任务

1)红外线发射电路设计。

2)红外线接收电路设计。

3)时间延时电路设计。

4)自来水开关电路和电源电路设计。

3. 设计要求

1)开题、调研,查找并收集资料。

2)总体设计,画出框图。

3)单元电路设计。

4)电气原理设计——绘制原理图。

5)列元器件明细表。

6)电路仿真-打印仿真结果,并进行分析和说明。

7)制作印制电路板并组装、调试电路。

8)测量调整实验:测试能否实现感应开关出水,延时几秒之后自动断水的控制功能。

9)撰写设计说明书(字数3000左右,要全面反映以上环节和设计内容,并列出参考资料目录,最后总结本次设计的心得和体会)。

10)鼓励创新,要求每个人独立完成。

11）要求在两周时间内完成。

4. 设计提示

本系统框图如图 3-27 所示。其功能：利用红外线发光管发射红外脉冲，实现电路对人体或物体的探测。当人体感应并遮断红外信号，接收电路将其转换成电信号，启动单稳态电路控制自来水电磁阀打开，并延时断开，实现对自来水开关打开时间的控制。

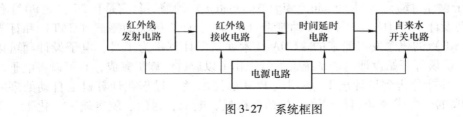

图 3-27　系统框图

第4部分 EDA 技术应用

EDA 是电子设计自动化（Electronic Design Automation）的缩写。它是在20世纪90年代初从计算机辅助设计（CAD）、计算机辅助制造（CAM）、计算机辅助测试（CAT）和计算机辅助工程（CAE）的概念发展而来的。EDA 技术就是以计算机为工具，电子设计师可以从概念、算法、协议等开始设计电子系统，大量工作可以通过计算机完成，并可以将电子产品从电路设计、性能分析到设计出 IC 版图或 PCB 版图的整个过程在计算机上自动处理完成。现在对 EDA 的概念或范畴用得很宽，包括在机械、电子、通信、航空航天、化工、矿产、生物、医学、军事等各个领域，都有 EDA 的应用。目前 EDA 技术已在各大公司、企事业单位和科研教学部门广泛使用。这里仅仅对 Multisim、Quartus、Protel 等几个常用软件的基本应用进行介绍。

4.1 Multisim10 的基本应用和电路的设计与仿真

4.1.1 Multisim10 简介

Multisim10 是一款基于桌面环境的可用于对数模电路全方位设计、仿真和分析的系统。它可独立运行在 WindowsXP/Win7 操作系统。Multisim10 针对电路设计提供了四大功能模块：

1）丰富的信号源模块：包括各类常规的信号发生器和各类信号源。这些信号源与平时在实验室见到的基本一致。

2）广泛的电路元器件模块：主要包括电源、基本 RLC、二极管、晶体管、模拟运放、集成芯片等各类电路元器件。此外，还提供了虚拟元器件，便于设计和分析。

3）齐全的输出模块：主要包括示波器和频谱分析仪等仪器，用于对电路的各类输出信息进行直观地查看。

4）大量的电路分析模块：针对设计的电路主要提供了直流分析、交流分析和暂态分析等功能模块。

Multisim10 具有强大的功能，本书仅介绍其中的电路图设计与电路的基本仿真操作两部分。

另外，EWB5.0C 是它的最初级版本，虽然仅有11MB，但是使用却很方便，一些相对简单的仿真也可以用它来做。

4.1.2 Multisim10 常用命令及操作

1. Multisim10 的启动

通过开始菜单或桌面的 Multisim10 快捷方式，可启动 Multisim10 系统，如图 4-1 所示。

启动 Multisim10 后，将出现 Multisim10 的启动初始界面，如图 4-2 所示。

下面将以可分别调整分频数和触发幅度的电路为例来讲述 Multisim10 软件的使用方法，基本电路如图 4-3 所示。

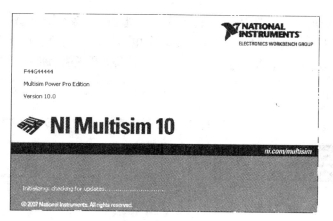

图 4-1　Multisim10 的启动界面

图 4-2　Multisim10 的初始界面

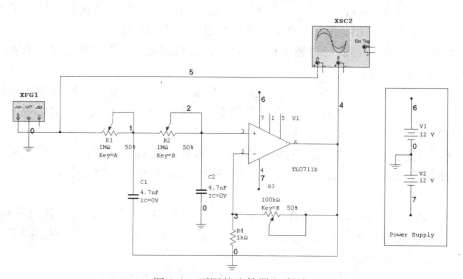

图 4-3　可调整比较器电路图

从图 4-3 可以看出，该可调整分频电路可用按键 'A' 改变分频数，可用按键 'B' 改变幅度。该电路需要 3 个电位器、1 个电阻、2 个电容、2 个电源、1 个 TL071 比较器芯片、1 个驱动用信号发生器和 1 个查看输出效果的示波器及其他外接端线，暂时约定电路文件名为 testOpAmp. ms10。

2. 操作界面介绍

Multisim10 采用了集成设计环境，以上电路在仿真阶段使用的界面如图 4-4 所示。

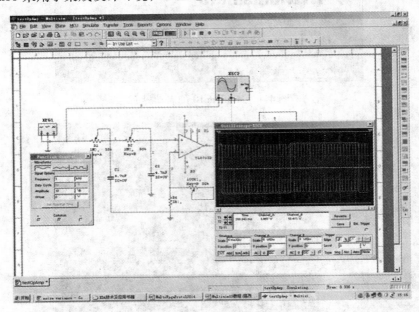

图 4-4　可调整比较器电路图

整个界面从上向下分别为：

1）标题栏。testOpAmp – Multisim 所在的行是标题栏。主要的控制是利用右端的最小化按键、最大化按键和关闭按键可对整个设计界面进行相应的操作。

2）菜单栏。File 所在的行是菜单栏。用户可通过鼠标选择菜单栏上的选项完成电路设计、仿真和分析的所有功能。

3）快捷键栏。菜单栏下面的为快捷键栏。电路设计过程中常用的操作均用图标的形式展示出来。用户不用进入菜单栏就能通过单击对应图标完成对应功能。读者需要对各图标多实践，做到对常用图标功能了然于胸。

4）元器件选择栏。快捷键栏下面为元器件选择栏。在设计电路的过程中，用户需要从此栏中选择各类元器件。读者需要对各元器件图标单击展开，知晓各类元器件所在的分类位置。

5）工作区。中间最大的白色背景区域即为工作区。用户设计的电路就放在该区域内。该区域的右端放置的是输入和输出模块所在的仪器栏，图 4-4 中的信号发生器 XFG1 和示波器 XSC2 均是从右端选取的。

6）标签区。工作区下部为标签区。该区域用于区分不同的电路。

7）状态栏。Tran：1. 170s 所在的行是状态栏。元器件的坐标信息和分析时的参数信息常在此区域展示。

4.1.3 电路设计与仿真

利用 Multisim10 进行电路的设计和仿真时，通常需要经过以下三个步骤：

1）选择电路所需的元器件、输入设备和输出设备，以及其元器件和设备的摆放。

2）按电路图连接各元器件，标注节点和说明信息。

3）设定激励（输入设备）和显示（输出设备），通过控制单元对电路进行仿真分析。

下面将按照以上顺序分别介绍。

1. Multisim10 电路元器件选择与摆放

（1）电路文件创建

通过单击快捷键栏最左端的新建文件图标，将在图 4-2 的基础上创建出图 4-5 所示的界面。其中，标题栏和工作区右端的设计工具窗都将显示 Circuit1 临时文件名。可通过选择菜单栏中的 File→Save As... 将该文件更改为 testOpAmp. ms10。为了后期操作有更大的空间，在这里，将关闭工作区右端的设计工具窗。

图 4-5　新建电路图界面

（2）元器件选择和放置

在工作区的空白处单击右键选择 Place Component...，或者按快捷键 < Ctrl + W >，或者从元器件选择栏均可选用元器件。通过以上操作，将出现图 4-6 的 Select a Component 对话框。由于该对话框在选择元器件阶段占有极其重要的作用，在这里将对该对话框中出现的界面元素进行较为详细的讲述。

在对界面进行介绍时，采用从左到右和从上至下的顺序进行讲述。

1）Database 下拉框。该数据库框决定着元器件从什么数据库挑选元器件。大体分三类，分别是 Master Database、Corporate Database 和 User Database。其中，Master Database 是为 Multisim10 提供的集合类主数据库。该数据库中的元器件包含了大多数厂家生产的元器件，

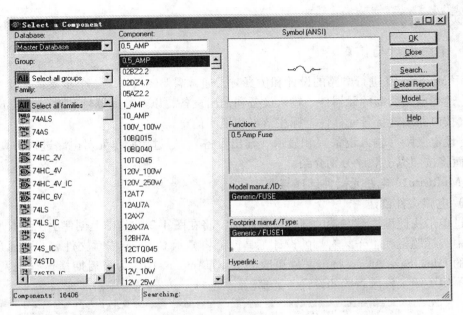

图 4-6　选择元器件界面

均能在 Multisim10 中正常使用。Corporate Database 为特定元器件厂家数据库。User Database 为用户常用并挑选出的特定元器件构成的用户数据库。这些数据库中的元器件应都能在 Multisim10 中仿真使用。

2）Group 下拉框。由于数据库中的元器件较多，该界面底端的状态栏就显示其中的元器件有 16406 个。因此，通过对元器件分群组，可缩小范围。这里选择的就是前面确定的数据库中的哪一个群组。图 4-7 就展示了 Master Database 中将元器件分成了 17 个群组，这些群

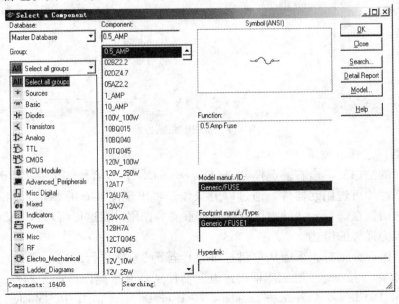

图 4-7　选择群组界面

组与图4-6中的元器件选择栏中的分类是一致的。

3）Family 选择框。与 Group 中的含义一致，主要目的是对元器件进一步分类细化。用户可通过选择其中的某个家族来缩小查找范围（参见图4-8）。

4）Component 选择框。对应具体的元器件。图4-8展示的是选中了基本群组中 CAPACI-TOR 家族下的 $1\mu F$ 电容元器件。从图4-8可以看出，数值是按照升序的方式排列的。可选的电容值也与标准电容值相对应。用户如果需要非标准电容值，可在群组中选择 BASIC _ VIRTUAL 后再寻找。读者也应注意到，此时，该对话框底部的状态栏中显示的元器件数目已经明显变少了。

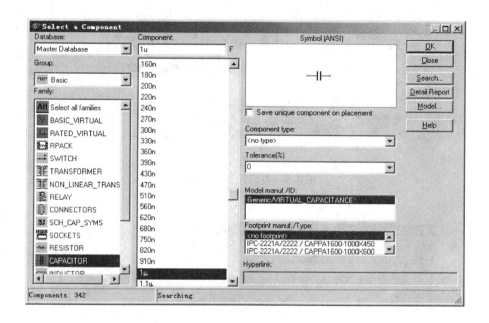

图4-8　选择 CAPACITOR 后的对话框

5）Symbol 栏，Component type 栏，Tolerance（%）栏，Model manuf. /ID 栏，Footprint manuf. /Type 栏和 Hyperlink 栏。都是针对选择的元器件的参数信息。这些栏分别表述了该元器件在电路中的符号、类型、冗余度、模型、封装和可参考资料的链接等信息。

6）按键栏。图4-8最右端有6个按键。其中 OK 按键表示选择，Close 按键表示不选择。该对话框中的 Search. . . 为不知道元器件的分类等信息时的查找提供了方便。当按下 Search. . . 按键时，Search Component 界面将会出现，如图4-9所示。

图4-9中已按照前面的电路图在 Component 中填入了 TL071 信息。进一步在 Search Component 界面中单击 Search 按键将得到 Refine Search Component Result 对话框，如图4-10所示。在图4-10中可以看到共查询到14个包含 TL071 信息的器件。通过选择 Component 栏中 TL071ID 并按 OK 按键，将用 TL071ID 器件的信息更新图4-8，并得到图4-11。在图4-11中已将 TL071ID 的相关信息调出。

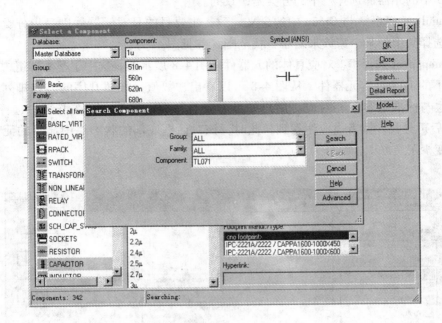

图 4-9　查询元器件对话框

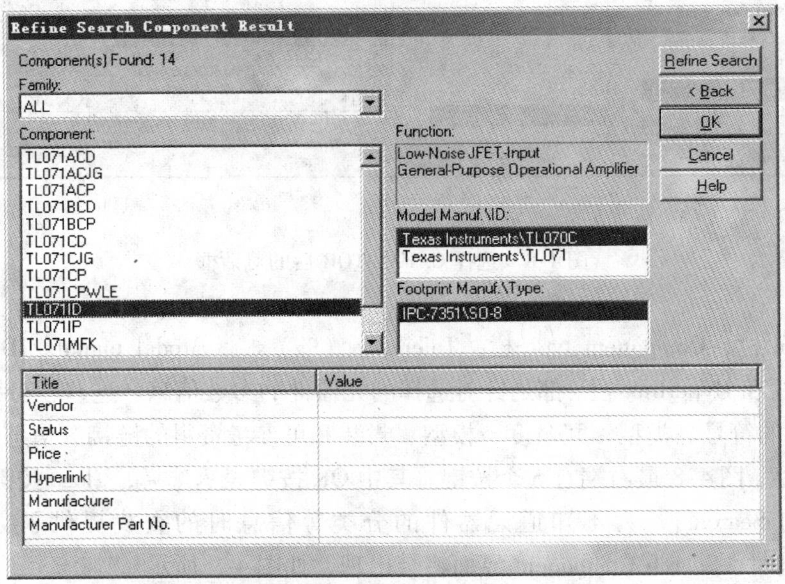

图 4-10　查询 TL071 的结果

对照电路图 4-3，除了 XFG1 和 XSC2 需要分别从仪器栏中选取 Function Generator 和 Oscilloscope 外，在这里整理出各元器件的出处，如表 4-1 所示。

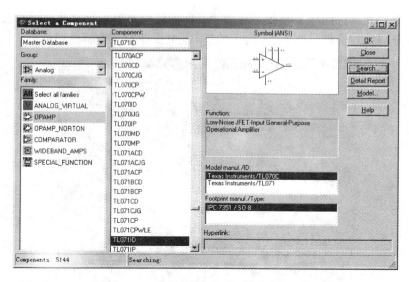

图 4-11　用查询结果更新元器件对话框

表 4-1　参考电路图对应元器件的出处

标号	Group	Family	Component	标号	Group	Family	Component
R1，R2，R3	Basic	POTENTIOMETER	1M	U1	Analog	OPAMP	TL071ID
R4	Basic	RESISTOR	1K	V1，V2	Sources	POWER_SOURCES	DC_POWER
C1，C2	Basic	Capcitor		GND	Sources	POWER_SOURCES	GROUND

　　选出对应数量的元器件后，可按图 4-3 的位置摆放对应的元器件，可得到图 4-12 所示的界面。

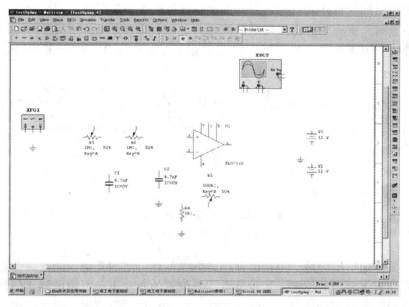

图 4-12　电路元器件摆放图

一般情况下，元器件的相关参数可通过元器件的属性菜单进行修改。用户可通过双击对应元器件来打开属性对话框。图 4-13 指示的是 R1 电位器对应的属性对话框。

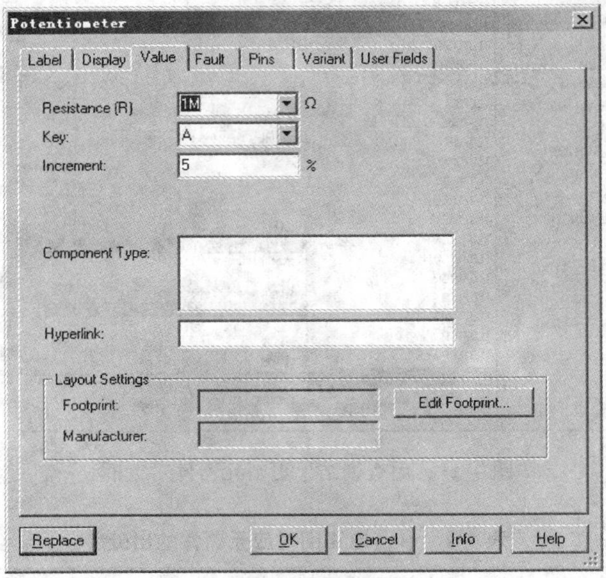

图 4-13　电位器的属性对话框

图 4-13 中的 Resistance（R）用于指定阻值大小，Key 用于指定按键'A'控制阻值的增大，＜Shift + A＞则反向降低，每次控制的步进大小则由 Increment 来决定。

2. 电路图连接与标注

（1）电路连接

当用户将鼠标放置在元器件的电气节点时，鼠标标示将变成十字状，且中间有一黑圆点。此时，单击鼠标后再移动鼠标，用户会发现鼠标拖着一根黑线。当鼠标移动到另一个元器件的电气节点时，鼠标下边会出现一个红点。此时，单击鼠标就实现了一条导线的连接。同时会在该导线上出现节点编号。图 4-14 完整描述了元器件 R1 和 R2 的连接过程。

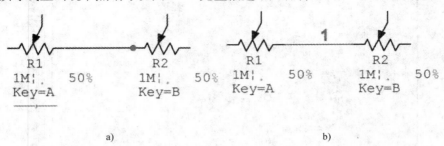

图 4-14　电路器的属性对话框

a）连线中　b）连线结束

在这里需要特别指出的是，当在已存在的电气节点再增加其他连线时，节点编号会随着新的连线而改变节点编号的位置，这种节点编号位置的改变不会影响电路。但如果首次选择的两电气节点间的线路不合适时，随着新连线的加入，将导致节点编号发生改变。同样，这种情况也对电路没有影响。

在连接线路的过程中，用户难免会碰到同一节点的元器件在电路图中摆放距离较远的问题。此时，可借助节点编号达到不同位置的连线实现互通的目的。图4-15中的节点编号6和7实际上是同一根导线。

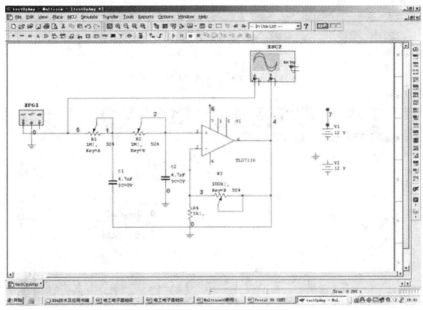

图4-15　不同位置的导线有不同的节点编号

这时，可通过双击需要改变节点编号的连线，调出 Net 对话框，如图4-16所示，在 Net name 中填入对应的节点编号即可。当用户单击 Net 对话框的 OK 按钮时，系统会提示电路中已有相同节点编号存在。如果继续，两节点将构成虚拟连接，如图4-17所示。显然，这种方式可使整体电路图显得整洁并有层次条理。

为了增加观察数据的差异性，当对仿真数据进行分析时，用户常需要将来自不同节点处的数据用不同的颜色区别开来。这种区别需要在电路连线期间完成。图4-15中的5号节点和4号节点目前采用同种颜色，当在示波器中观察时，用户不能直观地分辨出谁是激励曲线，谁是响应曲线。此时，用户可通过改变4号节点连线的颜色来直观地区分不同的曲线。

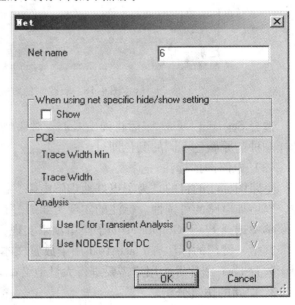

图4-16　节点对话框

先选择图4-15中的4号节点编号所在的连线，右键调出更改颜色的上下文菜单，如图4-18所示。

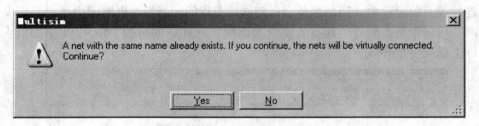

图 4-17　相同节点编号确认对话框

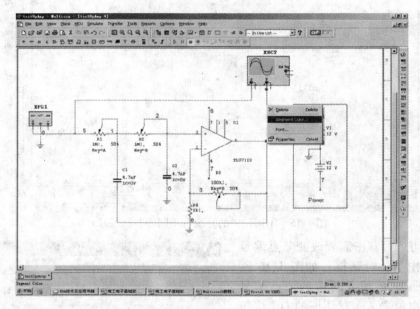

图 4-18　更改颜色对应的上下文菜单

选择 Segment Color... 后将弹出 Colors 对话框，如图 4-19 所示。用户需要在此对话框中选择一种与原颜色不同的颜色即可。

（2）电路图的标注

电路图标注的目的是为了更好地理解电路。因此，规范的电路常在电路图中增加一些标注，以增加电路的可读性。标注的实现主要通过在工作区右键调出上下文菜单，进而在上下文菜单中选择 Place Graphic 中的子菜单项来实现，如图 4-20 所示。

其中，常用的标注有 Place Text 用于放置文本信息，Rectangle 用于放置矩形框，Picture 用于放置 Logo 图片等。用户需要进行大量地尝试，才有可能在必要的时候真正用得上。

3. 电路的仿真分析

电路图中的各连线完成后，要根据设计的要求输入激励，测试电路的合理性。在这里仅针对图 4-3 所示的电路进行测试。

（1）设定激励与显示

图 4-3 中的激励就是信号发生器 XFG1。双击 XFG1 图标，打开图 4-21 所示的信号发生器的属性对话框。

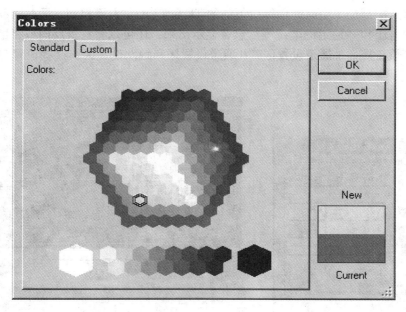

图 4-19　更改颜色对话框

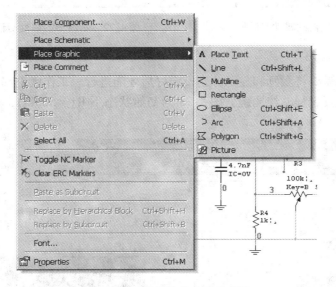

图 4-20　放置标注的上下文菜单

图 4-21 中主要包括两大部分：一部分为 Waveforms 选择按键，可在正弦波、三角波和方波中选择；另一部分是对应波形的信号参数。由于不同的信号波形具有不同的参数，当所选信号波形中的参数不存在时，对话框中的对应项将禁用，不容许更改。图 4-21 选中了正弦波，只能修改频率、幅度和偏移量信息。

图 4-3 中的显示就是示波器 XSC2。同样，双击 XSC2 图标，打开图 4-22 所示的示波器的属性对话框。

图 4-22 为典型双踪示波器界面。图中的黑色背景区域为输出信号显示区，最多能同时

显示 2 路信号。中部的 2 个时间信标由下部的 T1 和 T2 的左右键控制，同时时间信标处的时间，A 通道的电压和 B 通道的电压等信息将显示出来，还可以将背景反向或将数据保存。下部分别为时基设置区、A 通道设置区、B 通道设置区和触发设置区。这些设置与常规的双踪示波器一致。

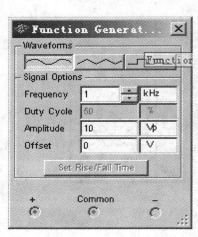

图 4-21　信号发生器的属性对话框

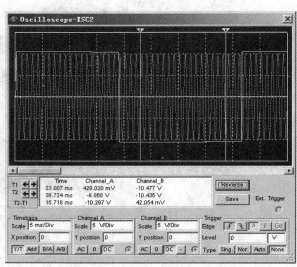

图 4-22　示波器的属性对话框

（2）基本仿真分析

电路图的仿真需要将激励和显示分别设定好后才能进行。工作区上部的船型开关或绿色三角形都是启动仿真过程的快捷键。图 4-23 为初始状态下 R1 = 500kΩ，R2 = 500kΩ，R3 = 50kΩ 时的仿真图。

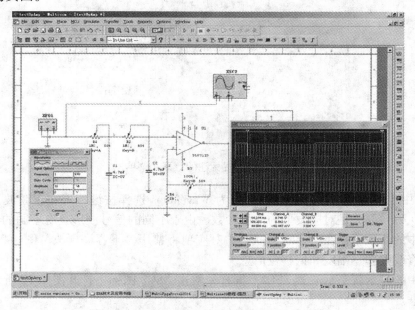

图 4-23　A 键 50% 和 B 键 50% 对应的仿真图

图 4-23 中 C1 处于振荡充放电过程，C2 处于慢速充放电过程。因此，调节 R1 和 R2 会改变输出的频率。

4.1.4 实验项目

实验 1 简单电路仿真实验 – 电路的串联谐振研究

（1）实验目的

学习简单电路图的绘制，电路参数的设置，电路的检测，以及对电路的仿真研究。

（2）实验设备与仪器

WindowsXP 或 Win7 操作系统的计算机、Multisim10 软件。

（3）实验原理

给出 RLC 串联电路参数，通过仿真实验，根据串联谐振的特点，找出谐振频率，测出电路的品质因数。

（4）实验内容

已知：$R = 166.67\Omega$，$L = 0.105H$，$C = 0.24\mu F$。①绘制电路图，并赋值；②利用虚拟函数发生器输出 5mV 正弦信号，并在一定范围内进行调节频率；③用虚拟示波器监测电容电压和电感电压。当在输入的信号为某频率时电压为最大值，且电感电压等于电容电压时电路发生谐振；④把谐振时频率和计算值相对照，并计算电路的品质因数。

实验 2 测量放大器仿真实验

（1）实验目的

学习电子电路图的绘制，电路参数的设置，电路的检测，以及对电路的仿真研究。

（2）实验设备与仪器

WindowsXP 或 Win7 操作系统的计算机、Multisim10 软件。

（3）实验原理

给出测量放大器电路，通过仿真实验，研究并测量共模、差模放大倍数，以及电路的放大倍数的调节方法。

（4）实验内容

按图 2-13 绘制电路图。按照实验 2.8 所给定的参数并给电路赋值。测量共模放大倍数和差模放大倍数。如果 R2 阻值减少一半，再次测量差模放大倍数，研究差模放大倍数和 R2 的关系。

4.2 FPGA/CPLD 开发设计

4.2.1 Quartus Ⅱ 7.1 简介

Quartus Ⅱ 7.1 是 Altera 公司开发的一款综合性 PLD/FPGA 开发平台，提供了完全集成且与电路结构无关的开发包环境，具有数字逻辑设计的全部特性，包括：原理图、结构框图、Verilog HDL、AHDL 和 VHDL 等多种设计输入形式，内嵌自有的综合器以及仿真器，可以完成从设计输入到硬件配置的完整 PLD 设计流程。

4.2.2 Quartus Ⅱ 7.1 使用步骤

计算机操作系统为 Windows XP ，以 Quartus Ⅱ 7.1 为例，步骤如下：

1）计算机开始 – >所有程序 – >Altera – >Quartus Ⅱ 7.1，运行 Quartus Ⅱ 7.1（32 – bit）软件，或者双击桌面上的 Quartus Ⅱ 的图标运行 Quartus Ⅱ 软件，出现如图 4-24 所示界面，如果是第一次打开 Quartus Ⅱ 软件可能会有其他的提示信息，可以根据自己的实际情况进行设定后进入图 4-24 所示界面。

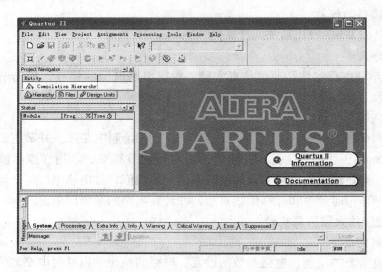

图 4-24　Quartus Ⅱ 7.1 软件运行界面

2）选择软件中的菜单 File – >New Project Wizard，新建一个工程，如图 4-25 所示。

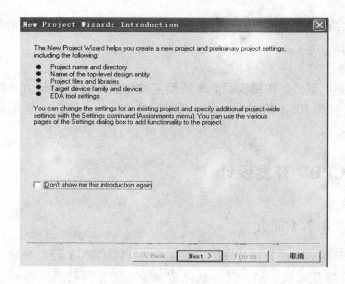

图 4-25　新建工程对话框

3）单击图4-25中的Next进入工程名的设定对话框，如图4-26所示。第一个输入框为工程目录输入框，可以输入如E：/EDA等工作路径来设定工程的目录，或者通过输入框后的对话框选择已经存在的目录，目录的路径最好全是英文的，设定好后，所有的生成文件将放入这个工作目录。第二个输入框为工程名称输入框，第三个输入框为顶层实体名称输入框。用户可以设定如EXP1，默认情况下工程名称与实体名称相同，也可以根据实际情况来设定。

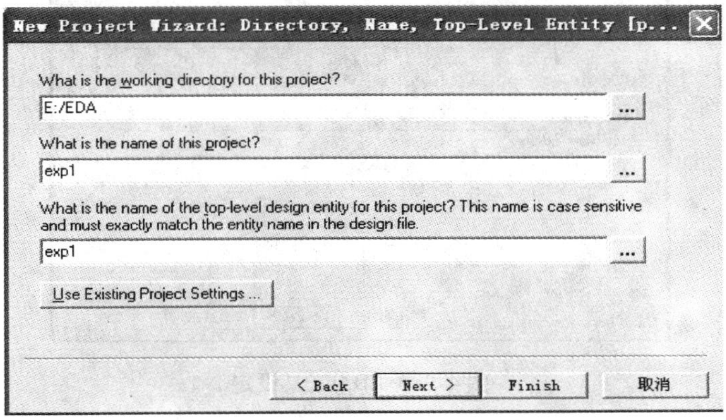

图4-26　指定工程名称及工作目录

4）单击Next，进入下一个设定对话框，按默认选项直接单击Next进行器件选择对话框，如图4-27所示。这里选用Cyclone系列芯片EP1C12Q240C8为例进行介绍。也可以根据具体使用的芯片来进行设定。

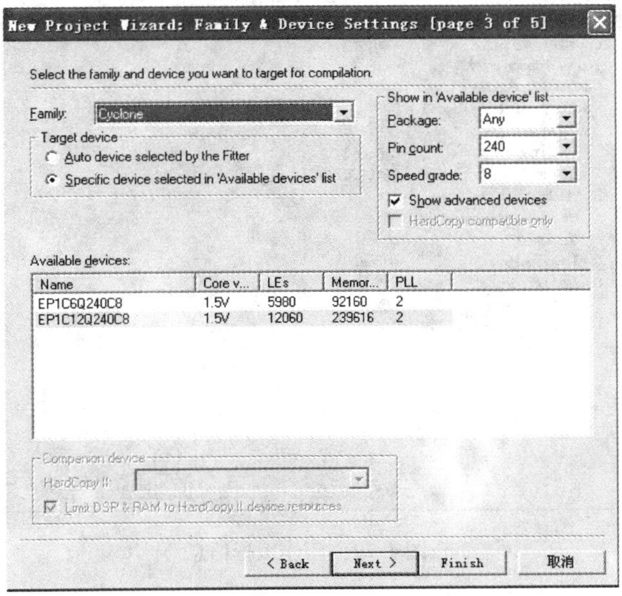

图4-27　器件选择界面

单击 Next，进入如图 4-28 所示的 EDA 工具设置栏。

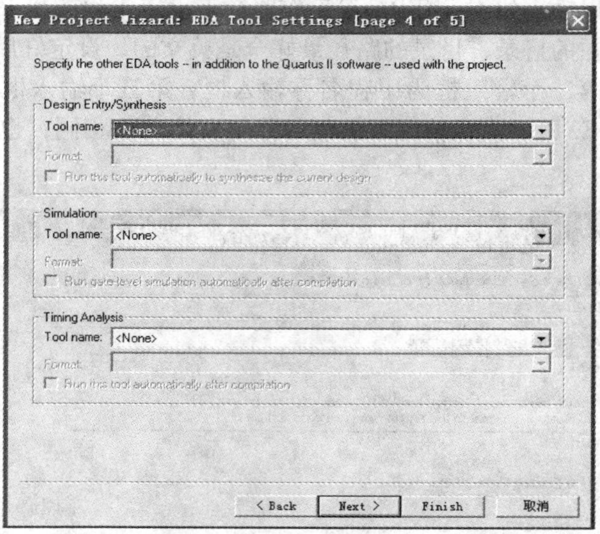

图 4-28 EDA 工具设定

5）按默认选项，单击 Next 出现新建工程以前所有的设定信息，如图 4-29 所示，单击 Finish 完成新建工程的建立，出现图 4-30 所示画面。至此，完成了工程的建立。

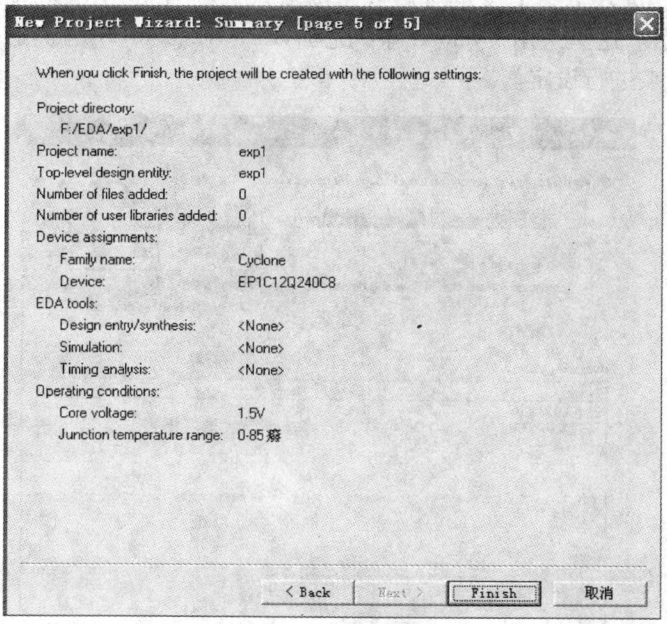

图 4-29 新建工程信息

6）单击 File – > New，新建一个设计输入，有 7 种输入方式，以 VHDL 文件为例，如图 4-31 所示。

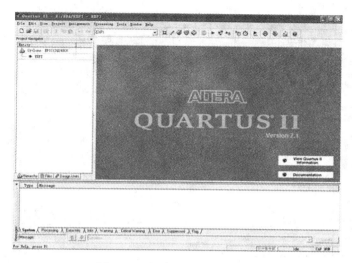

图 4-30　新建工程完成后界面

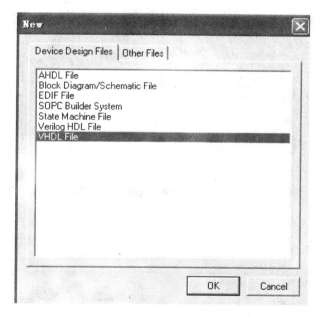

图 4-31　新建 VHDL 文件

7）单击 OK，并单击 File－>Save，无需做任何更改，单击 OK 即可，如图 4-32 所示。

8）按照设计的要求，在新建的 VHDL 文件中编写 VHDL 程序。

9）代码书写结束后，选择 Processing－>Start Compilation 对编写的代码进行编译，直到编译通过。

10）编译通过后，选择 File－>New，在弹出的对话框中单击 Other Files，选择 Vector Waveform File，并单击 OK，建立一个波形文件，如图 4-33 所示。

11）单击 File－>Save，在弹出的对话框中单击 OK 即可，见图 4-34 所示。

12）在波形文件中单击鼠标右键，选择 Insert Node or Bus，在弹出的对话框中单击 Node

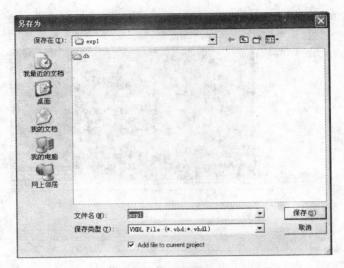

图 4-32 存储新建的 VHDL 文件

图 4-33 新建波形文件

Finder，在新弹出的对话框中的 Filter 中选择 Pins：all，然后单击 List，这样在 Nodes Founder 区域就会出现先前 VHDL 文件中定义的输入、输出端口，然后再单击 > >，选择 OK 即可，在 Insert Node or Bus 对话框中也选择 OK，如图 4-35 所示。

13）对加入到波形文件中的输入端点，进行初始值设置，然后单击 Processing - > Start Simulation，在弹出对话框中单击 Yes，系统开始仿真。

14）仿真结束后，查看仿真结果是否符合电路设计要求。

15）无误后，根据表 4-4 的引脚对照表，对实验中用到的拨档开关及 LED 进行引脚绑定。选择 Assignments - > Assign Pins，会出现引脚分配对话框，如图 4-36 所示。

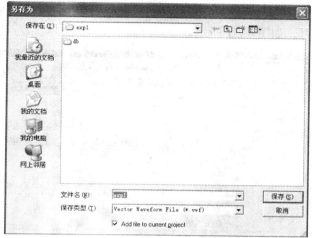

图 4-34　存储新建的波形文件

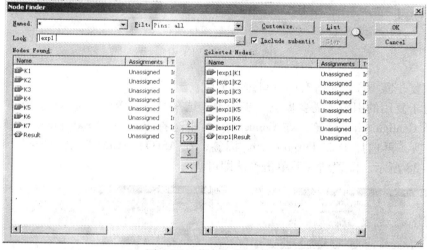

图 4-35　节点查找对话框

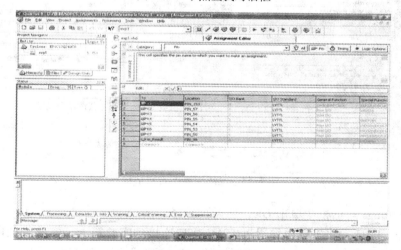

图 4-36　引脚分配

16）首先选择对应的引脚，然后在 location 中输入 VHDL 设计中对应的端口名称引脚号（见表4-4），回车即可，如图4-37 所示。

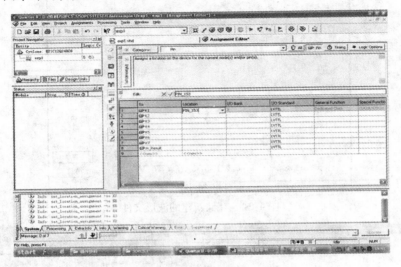

图4-37　分配 K1 引脚

17）重复步骤16），对所有的端口进行分配。

18）对于复用的引脚，需要做进一步处理。选择 Device & Pin Options，在弹出的对话框中首先选择 Configuration 标签，在 Configuration 中选择 Passive Serial（can use Configuration Device）一项，再选择 Dual Purpose Pins 标签，在 ASDO，NCE0 选项中选择 Use as regular IO，如图4-38 所示。配置结束后单击确认即可。

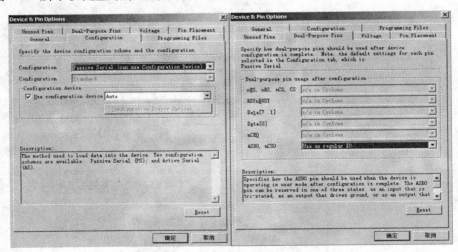

图4-38　复用引脚配置对话框

19）在 Settings 对话框中单击 OK，然后再编译一次。

20）编译无误后，将下载电缆通过 JTAG 接口连接到实验箱上，实验箱通电后，下载驱动程序，然后选 Tool – > Programmer 将对应的 ex1. sof 文件下载到 FPGA 中。

（下载时注意勾选 program/configure 项，所有 . sof 和 . pof 文件都要勾选）

21）拨动拨档开关，观察结果是否与设计要求相吻合。

4.2.3　实验项目

实验 1　组合逻辑设计及 FPGA 下载

（1）实验目的

1）通过一个简单的 3 - 8 译码器的设计，掌握组合逻辑电路的设计方法与功能测试方法。

2）了解 Quartus Ⅱ 7.1 仿真软件的开发过程。

3）初步了解 FPGA 下载的全过程和相关软件的使用。

（2）实验设备与仪器

1）计算机，WindowsXP 以上操作系统。

2）Quartus Ⅱ 7.1 仿真软件。

3）EDA 实验箱，EP1C12Q240C8 芯片。

（3）实验原理

3 - 8 译码器的输入是 3 个信号，输出是 8 个信号。信号用 "0" 和 "1" 来表示："0"表示低电平，"1" 表示高电平。输入与输出信号均是二进制。输入的 3 个信号也就是 3 位二进制数。3 位二进制在 000 - 111 之间，输出是 8 个信号，其中 1 个高电平信号对应输入二进制信号的十进制编号输出。例如，输入是 101 那么输出就是第 5 个信号为高电平，其他输出为低电平。真值表如表 4-2 所示。

表 4-2　3 - 8 译码器真值表

C	B	A	D7	D6	D5	D4	D3	D2	D1	D0
0	0	0	0	0	0	0	0	0	0	1
0	0	1	0	0	0	0	0	0	1	0
0	1	0	0	0	0	0	0	1	0	0
0	1	1	0	0	0	0	1	0	0	0
1	0	0	0	0	0	1	0	0	0	0
1	0	1	0	0	1	0	0	0	0	0
1	1	0	0	1	0	0	0	0	0	0
1	1	1	1	0	0	0	0	0	0	0

（4）实验内容

1）根据实验原理，基于 Quartus Ⅱ 7.1 仿真软件，建立 3 - 8 译码器原理图输入文件。

2）根据 3 - 8 译码器的逻辑功能图，建立其波形文件，并仿真。

3）将所设计的 3 - 8 译码器下载到 EP1C12Q240C8 芯片内，并验证。

实验 2　7 人表决器

（1）实验目的

1）了解多人表决器的工作原理。

2）进一步熟悉 Quartus Ⅱ 软件的使用。

3）熟悉基于 VHDL 的 FPGA 开发和基本流程。

（2）实验设备与仪器

1）计算机，WindowsXP 以上操作系统。

2）Quartus Ⅱ 7.1 仿真软件。

3）EDA 实验箱，EP1C12Q240C8 芯片。

（3）实验原理

所谓表决器就是对于一个行为，由多个人投票，如果同意的票数过半，就认为此行为可行；否则如果否决的票数过半，则认为此行为无效。

7 人表决器是由 7 个人来投票，当同意的票数大于或者等于 4 人时，则认为同意；反之，当否决的票数大于或者等于 4 人时，则认为不同意。实验中用 7 个拨档开关来表示 7 个人，当对应的拨档开关输入为‘1’时，表示此人同意；否则若拨档开关输入为‘0’时，则表示此人反对。表决的结果用一个 LED 表示，若表决的结果为同意，则 LED 被点亮；否则，如果表决的结果为反对，则 LED 不会被点亮。

（4）实验内容

1）根据实验原理，基于 Quartus Ⅱ 7.1 仿真软件，建立 7 人表决器的 VHDL 输入文件。

2）将所设计的 3 - 8 译码器下载到 EP1C12Q240C8 芯片内，并验证。

验证过程如下：

拨档开关模块中的 K1 ~ K7 表示 7 个人，当拨档开关输入为‘1’时，表示对应的人投同意票，否则当拨档开关输入为‘0’时，表示对应的人投反对票；LED 模块中 LED1 _ 1 表示 7 人表决的结果，当 LED1 _ 1 点亮时，表示一致同意，否则当 LED1 _ 1 熄灭时，表示一致反对。

拨档开关 K1 ~ K7 以及 LED1 _ 1 与 FPGA 的引脚连接见表 4-4。

实验 3　BCD 码加法器

（1）实验目的

1）了解 BCD 码的构成及 BCD 码加法器的原理。

2）巩固对 Quartus Ⅱ 的使用。

3）熟练掌握 VHDL。

4）进一步熟悉 EDA/SOPC 实验箱。

（2）实验设备与仪器

1）计算机，WindowsXP 以上操作系统。

2）Quartus Ⅱ 7.1 仿真软件。

3）EDA 实验箱，EP1C12Q240C8 芯片。

（3）实验原理

BCD 码是二进制编码的十进制码，也就是用 4 位二进制数来表示十进制中的 0 ~ 9 这十个数。由于 4 位二进制数有 0000 ~ 1111 共 16 种组合，而十进制数只需对应 4 位二进制数的 10 种组合，故从 4 位二进制数的 16 种组合中取出 10 种组合来分别表示十进制中的 0 ~ 9，则有许多不同的取舍方式，于是便形成了不同类型的 BCD 码。

本实验只针对最简单的情况，也是最常见的 BCD 码，就是用 4 位二进制的 0000 ~ 1001 来表示十进制的 0 ~ 9，而丢弃 4 位二进制的 1010 ~ 1111 共 6 种组合，这样一来，就相当于用 4 位二进制的 0～9 对应十进制的 0～9。这样的 BCD 码进行相加时会出现两种可能，一种可能是当两个 BCD 码相加的值小于 10 时，结果仍旧是正确的 BCD 码；另外一种可能是当两个码相加的结果大于或者等于 10 时，就会得到错误的结果，这是因为 4 位二进制码可以表示 0～15，而 BCD 码只取了其中的 0～9 的原因。对于第二种错误的情况，有一个简单的处理方法就是做加 6 处理，就会得到正确的结果。

举例说明第二种情况的处理过程如下：$A = (7)_{10} = (0111)_2 = (0111)_{BCD}$，$B = (8)_{10} = (1000)_2 = (1000)_{BCD}$，则 $A + B = (15)_{10} = (1111)_2 \neq (0001\ 0101)_{BCD}$，但是对于 $A + B + 6 = (1111)_2 + (0110)_2 = (0001\ 0101)_2 = (0001\ 0101)_{BCD}$。因此在程序设计时要注意两个输入的 BCD 码相加结果是否有大于或等于 10 的情况，如果有程序必需有加 6 的修正处理。

（4）实验内容

本实验的任务就是要完成一个简单的 BCD 码加法器。具体的实验过程就是利用 EDA/SOPC 实验箱上的拨档开关模块的 K1～K4 作为一个 BCD 码输入，K5～K8 作为另一个 BCD 码输入，用 LED 模块的 LED1＿1～LED1＿4 来作为结果的十位数输出，用 LED1＿5～LED1＿8 来作为结果的个位数输出，LED 亮表示输出'1'，LED 灭表示输出'0'。

实验 4　4 位全加器

（1）实验目的

1）了解 4 位全加器的工作原理。

2）掌握基本组合逻辑电路的 FPGA 实现。

3）熟练掌握 VHDL 与 Quartus Ⅱ 进行 FPGA 开发。

（2）实验设备与仪器

1）计算机，WindowsXP 以上操作系统。

2）Quartus Ⅱ 7.1 仿真软件。

3）EDA 实验箱，EP1C12Q240C8 芯片。

（3）实验原理

全加器是由两个加数 X_i 和 Y_i 以及低位来的进位 C_{i-1} 作为输入，产生本位和 S_i 以及向高位的进位 C_i 的逻辑电路。它不但要完成本位二进制码 X_i 和 Y_i 相加，而且还要考虑到低一位进位 C_{i-1} 的逻辑。对于输入为 X_i、Y_i 和 C_{i-1}，输出为 S_i 和 C_i 的情况，根据二进制加法法则可以得到全加器的真值表如表 4-3 所示。

表 4-3　全加器真值表

$X_i\ Y_i\ C_{i-1}$	S_i	C_i
0　0　0	0	0
0　0　1	1	0
0　1　0	1	0
0　1　1	0	1
1　0　0	1	0
1　0　1	0	1
1　1　0	0	1
1　1　1	1	1

由真值表得到 S_i 和 C_i 的逻辑表达式经化简后为

$$S_i = X_i \oplus Y_i \oplus C_{i-1}$$
$$C_i = (X_i \oplus Y) C_{i-1} + X_i Y_i$$

这仅仅是一位的二进制全加器，要完成一个 4 位的二进制全加器，只需要把 4 个级联起来即可。

（4）实验内容

本实验要完成的任务是设计一个 4 位二进制全加器。具体的实验过程就是利用 EDA/SOPC 实验箱上的拨档开关模块的 K1 ~ K4 作为一个 X 输入，K5 ~ K8 作为另一个 Y 码输入，用 LED 模块的 LED1 _5 ~ LED1 _8 来作为结果 S 输出，用 LED1 _1 ~ LED1 _4 来作为结果的进位输出，LED 亮表示输出 '1'，LED 灭表示输出 '0'。

实验5　4人抢答器

（1）实验目的

1）熟悉 4 人抢答器的工作原理。

2）加深对 VHDL 语言的理解。

3）掌握 EDA 开发的基本流程。

（2）实验设备与仪器

1）计算机，WindowsXP 以上操作系统。

2）Quartus Ⅱ 7.1 仿真软件。

3）EDA 实验箱，EP1C12Q240C8 芯片。

（3）实验原理

抢答器在各类竞赛性质的场合得到了广泛的应用，它的出现消除了原来由于人眼的误差而未能正确判断最先抢答的人的情况。

抢答器的原理比较简单，首先必须设置一个抢答允许标志位，目的就是为了允许或者禁止抢答者按按钮；如果抢答允许位有效，那么第一个抢答者按下的按钮就将其清除，同时记录按钮的序号，也就是对应的按按钮的人，这样做的目的是为了禁止后面再有人按下按钮的情况出现。总的说来，抢答器的目的就是在抢答允许位有效后，第一个按下按钮的人将其清除以禁止再有按钮按下，同时记录清除抢答允许位的按钮的序号并显示出来，这就是抢答器的实现原理。

（4）实验内容

本实验的任务是设计一个 4 人抢答器，用按键模块的 S5 来做抢答允许按钮，用 S1 ~ S4 来表示 1 ~ 4 号抢答者，同时用 LED 模块的 LED2 _1 ~ LED2 _4 分别表示抢答者对应的位子。具体要求为：按下 S5 一次，允许一次抢答，这时 S1 ~ S4 中第一个按下的按键将抢答允许位清除，同时将对应的 LED 点亮，用来表示对应的按键抢答成功。

实验6　交通灯控制器

（1）实验目的

1）了解交通灯的亮灭规律。

2）了解交通灯控制器的工作原理。

3）熟悉 VHDL 语言编程，了解实际设计中的优化方案。

（2）实验设备与仪器

1）计算机，WindowsXP 以上操作系统。

2）Quartus Ⅱ 7.1 仿真软件。

3）EDA 实验箱，EP1C12Q240C8 芯片。

（3）实验原理

交通灯的显示有很多方式，如十字路口、丁字路口等，而对于同一个路口又有很多不同的显示要求，比如十字路口，车子如果只要东西和南北方向通行就很简单，而如果车子可以左右转弯的通行就比较复杂，本实验仅针对最简单的南北和东西直行的情况。

要完成本实验，首先必须了解交通路灯的亮灭规律。本实验需要用到实验箱上交通灯模块中的发光二极管，即红、黄、绿各三个。依人们的交通常规，"红灯停，绿灯行，黄灯提醒"。其交通灯的亮灭规律为：初始态是两个路口的红灯全亮，之后东西路口的绿灯亮，南北路口的红灯亮，东西方向通车，延时一段时间后，东西路口绿灯灭，黄灯开始闪烁。闪烁若干次后，东西路口红灯亮，而同时南北路口的绿灯亮，南北方向开始通车，延时一段时间后，南北路口的绿灯灭，黄灯开始闪烁。闪烁若干次后，再切换到东西路口方向，重复上述过程。

在实验中使用 8 个七段码管中的任意两个数码管显示时间。东西路和南北路的通车时间均设定为 20s。数码管的时间总是显示为 19、18、17、…、2、1、0、19、18……。在显示时间小于 3s 的时候，通车方向的黄灯闪烁。

（4）实验内容

本实验要完成任务就是设计一个简单的交通灯控制器，交通灯显示用实验箱的交通灯模块和七段码管中的任意两个来显示。系统时钟选择时钟模块的 1kHz 时钟，黄灯闪烁时钟要求为 2Hz，七段码管的时间显示为 1Hz 脉冲，即每 1s 中递减一次，在显示时间小于 3s 的时候，通车方向的黄灯以 2Hz 的频率闪烁。系统中用 S1 按键进行复位。

实验箱功能布局图如图 4-39 所示。

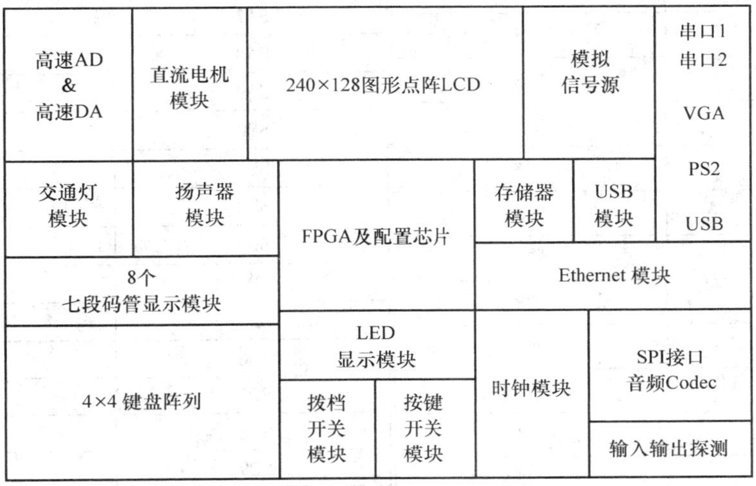

图 4-39　实验箱功能布局图

FPGA 芯片引脚编号与周围资源 I/O 接口对照表如表 4-4 所示。

表 4-4 FPGA 芯片引脚编号与周围资源 I/O 接口对照表

复位信号		LCD 显示模块	
信号名称	对应 FPGA 引脚	信号名称	对应 FPGA 引脚
RESET	240	DB0	228
串行接口（RS-232）		DB1	233
信号名称	对应 FPGA 引脚	DB2	234
RXD1	195	DB3	235
TXD1	128	DB4	236
RXD2	223	DB5	237
TXD2	222	DB6	238
VGA 接口		DB7	239
信号名称	对应 FPGA 引脚	C/D	227
R	219	WR	224
G	218	RD	225
B	217	CS	226
HS	216	以太网接口模块	
VS	215	信号名称	对应 FPGA 引脚
PS/2 接口		SA0	38
信号名称	对应 FPGA 引脚	SA1	95
CLOCK	214	SA2	94
DATA	213	SA3	93
USB 接口模块		SA4	88
信号名称	对应 FPGA 引脚	SA5	87
DB0	228	SA6	86
DB1	233	SA7	85
DB2	234	SA8	84
DB3	235	SA9	83
DB4	236	SD0	98
DB5	237	SD1	100
DB6	238	SD2	41
DB7	239	SD3	104
A0	227	SD4	106
WR	224	SD5	108
RD	225	SD6	114
CS	208	SD7	116
INT	207	SD8	99
SUSPEND	未用	SD9	101
		SD10	47
		SD11	105
		SD12	107
		SD13	113

（续）

以太网接口模块		按键模块	
信号名称	对应 FPGA 引脚	信号名称	对应 FPGA 引脚
SD14	115	S1	66
SD15	117	S2	65
RD	82	S3	64
WR	23	S4	63
AEN	79	S5	62
INT	39	S6	61
RESET	21	S7	60
LED 显示模块		S8	59
信号名称	对应 FPGA 引脚	**键盘阵列模块**	
D1_1	98	信号名称	对应 FPGA 引脚
D1_2	99	ROW0	66
D1_3	100	ROW1	65
D1_4	101	ROW2	64
D1_5	41	ROW3	63
D1_6	47	COL0	62
D1_7	104	COL1	61
D1_8	105	COL2	60
D2_1	106	COL3	59
D2_2	107	**七段码显示模块**	
D2_3	108	信号名称	对应 FPGA 引脚
D2_4	113	A	219
D2_5	114	B	218
D2_6	115	C	214
D2_7	116	D	213
D2_8	117	E	217
拨档开关模块		F	216
信号名称	对应 FPGA 引脚	G	215
K1	153	DP	42
K2	57	SEL0	43
K3	56	SEL1	44
K4	55	SEL2	45
K5	54	**交通灯显示模块**	
K6	53	信号名称	对应 FPGA 引脚
K7	50	R1	20
K8	49	Y1	19
		G1	18
		R2	17
		Y2	16
		G2	15

高速 DA 和高速 AD 模块		存储器模块	
信号名称	对应 FPGA 引脚	信号名称	对应 FPGA 引脚
DB0	3	DB1	180
DB1	4	DB2	179
DB2	5	DB3	178
DB3	6	DB4	177
DB4	7	DB5	176
DB5	8	DB6	175
DB6	11	DB7	174
DB7	12	DB8	143
AD _ CLK	1	DB9	141
AD _ OE	2	DB10	140
DA _ CLK	13	DB11	139
存储器模块		DB12	138
		DB13	137
信号名称	对应 FPGA 引脚	DB14	136
A0	187	DB15	135
A1	186	DB16	118
A2	185	DB17	119
A3	184	DB18	120
A4	183	DB19	121
A5	170	DB20	122
A6	169	DB21	123
A7	168	DB22	124
A8	167	DB23	125
A9	166	DB24	165
A10	132	DB25	164
A11	196	DB26	163
A12	197	DB27	162
A13	58	DB28	161
A14	126	DB29	160
A15	200	DB30	159
A16	201	DB31	158
A17	131	SRAM _ RD	194
A18	188	SRAM _ WR	173
A19	203	SRAM _ BE0	134
A20	202	SRAM _ BE1	133
DB0	181	SRAM _ BE2	156
		SRAM _ BE3	144

（续）

存储器模块		时钟源模块	
信号名称	对应 FPGA 引脚	信号名称	对应 FPGA 引脚
SRAM _ CS	182	CLOCK	28
FLASH _ RD	127	扬声器模块	
FLASH _ WR	193	信号名称	对应 FPGA 引脚
FLASH _ CS	206	SPEAKER	46
音频 CODEC 模块		直流电机模块	
信号名称	对应 FPGA 引脚	信号名称	对应 FPGA 引脚
SDIN	77	PWM	14
SCLK	78	SPEED	29
CS	76	输入输出探测模块	
BCLK	75	信号名称	对应 FPGA 引脚
DIN	74	INPUT	152
LRCIN	73	OUTPUT	48
LRCOUT	67		
DOUT	68		

4.3 Protel 99 SE 的基本应用和印制电路板的设计

4.3.1 Protel 99 SE 简介

Protel 99 SE 是采用独特设计管理和协作技术为核心的一种基于桌面环境的全方位印制电路板设计系统。它是基于 Windows 95/98/2000/NT 的完全 32 位 EDA 设计系统。Protel 99 SE 具有三大功能模块：

1）Advanced Schematic 99 SE 模块

主要包括设计原理图的原理图编辑器，修改、生成零件的零件库编辑器，生成各种报表的生成器，用于仿真原理图线路的仿真器（Advanced SIM 99）等。

2）Advanced PCB 99 SE 模块

主要包括用于设计印制电路板的电路板编辑器，用于修改、生成零件封装的零件封装编辑器，印制电路板组件管理软件，PCB 自动布线软件（Advanced Route 99），PCB 的辅助分析工具等。

3）Advanced PLD 99 模块

主要包括用于可编程逻辑器件设计的具有语法特点的文本编辑器，用于编译和仿真设计结果的 PLD 以及用来观察仿真波形的 Wave 等。

Protel 99 SE 具有强大的功能，本书仅介绍其中的原理图绘制与印制电路板（PCB）图绘制两部分。

4.3.2 Protel 99 SE 常用命令及操作

1. Protel 99 SE 的启动

启动 Protel 99 SE 系统，按照开始→程序→Protel 99 SE→Protel 99 SE 选择，如图 4-40 所示。

图 4-40　Protel 99 SE 的开始菜单

启动 Protel 99 SE 后，将出现 Protel 99 SE 的启动界面，接着会自动进入 Protel 99 SE 的主设计窗口 Design Explorer，如图 4-41 所示。

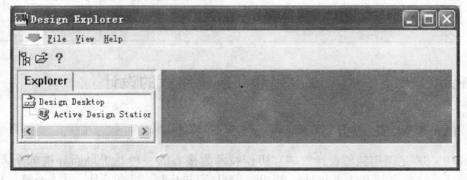

图 4-41　Protel 99 SE 的设计界面

下面将以 555 组成的多谐振荡器为例来讲述 Protel 99 SE 软件的使用方法，基本电路如图 4-42 所示。

从图 4-42 可以看出，该多谐振荡器电路需要 4 个电阻，2 个电容，1 个 555 定时器芯片和其他外接端线，暂时约定项目文件名为 555AST.ddb。

2. 创建项目数据库

Protel 99 SE 采用集成的设计环境，用户在创建一个 .ddb 类型的数据库后，该软件后期创建的所有文件都将存储在这一数据库中。创建项目数

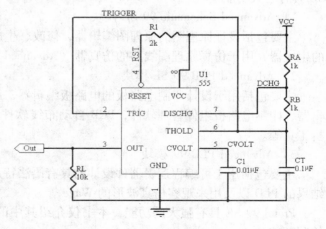

图 4-42　用 555 组成的多谐振荡器原理图

据库，用户需要执行菜单命令 File 栏下的 New 命令，软件弹出图 4-43 所示的 "新建项目数据库" 对话框。用户按照图 4-43 所示的选择和内容填写，利用鼠标单击 OK 按钮就创建了 555AST.ddb 项目文件。其中，文件的存储类型分 MS Access Database 和 Windows File System 两种可选择，存储路径可以通过 Browse 命令修改。

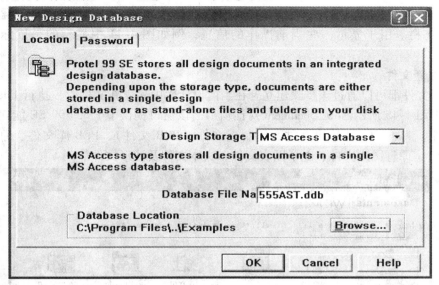

图 4-43　新建项目数据库对话框

完成上述操作后，软件将展示图 4-44 所示的新的设计窗口。该设计窗口主要由以下 5 部分组成：

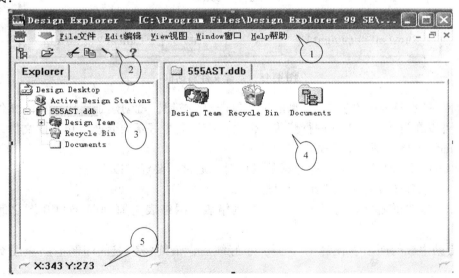

图 4-44　主设计界面

1）主菜单条。显示当前设计方式下对应的菜单。该软件具有在不同设计方式下，主菜单条包含内容不一样的特点。

2）工具栏。显示当前设计方式下的常用操作。直接用鼠标单击图标，即可完成相应的操作。

3）设计管理器控制板。用以显示"设计导航树"或显示文件编辑器的浏览窗口，可以通过菜单中的 View/Design Manager 来打开/关闭。

4）设计导航树。这是 Protel 99 SE 提供一个类似于 Windows 环境的资源管理器。

5）状态栏。用于显示一些当前操作的信息，例如图 4-44 中显示的是鼠标所在的坐标值。

3. 建立新文件

所有新文件都可以通过该步骤建立。在当前设计库中建立新文件时，执行 File→New 命令，将弹出图 4-45 所示 New Document 对话窗口。该窗口提供了 Protel 99 SE 能建立的所有类型的文件。例如：CAM 输出文件、印制板文件（PCB 文件）、PCB 库文件、原理图文件（SCH 文件）、原理图库文件、电子图表文件、文本文件及波形文件等。

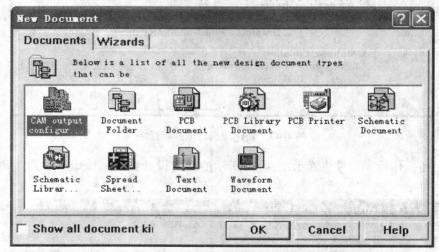

图 4-45　新建文件对话框

选择对话窗口中相应的文件类型图标，单击 OK 按钮，就创建了对应类型的文件。文件名随后也可以在设计管理器中进行修改，但文件扩展名最好不要修改。单击此文件，系统将进入相应的编辑器，即可对该文件进行编辑。

利用 Protel 99 SE 进行印制电路板的设计时，通常需要经过以下三个步骤：

1）利用原理图设计系统绘制原理图。

2）在原理图正确的情况下生成对应的网络表，网络表是原理图与 PCB 图之间的联系纽带。

3）借助生成的网络表设计 PCB 图，布好线后，最终将生成的印制电路板图交付厂家制版。

下面将按照以上顺序分别介绍。

4.3.3　Protel 99 SE 原理图设计

图 4-46 为原理图设计的顺序流程。当然，随着对该软件的熟悉，图 4-46 的顺序是可以改变的，当前的目的是先对原理图设计的整体有一个把握，也是一个依靠的标准，便于后面的学习。

1. 设计环境

便于后面的实际操作，先简单介绍一下 Protel 99 SE/Schematic 原理图设计环境，如图

4-47所示。

1）主菜单条。显示当前设计方式下的菜单，一般包含文件、编辑、视图、放置、设计、工具、仿真、报告、窗口和帮助几部分，感兴趣的读者可以先整体浏览一遍，明确知道每个菜单下有哪些子菜单即可。

2）工具栏。显示常用的快捷操作，需要注意的是，利用键盘的快捷键操作是该软件的一大特点，读者至少应该掌握的有：按 PgUp 键，绘图区将放大；按 PgDn 键，绘图区将缩小；按 Home 键，显示位置移位到工作区中心位置；按"End"键，更新绘图区的图形等。快捷键的熟练程度，直接制约着绘图的快慢，需要多次尝试才能驾轻就熟。

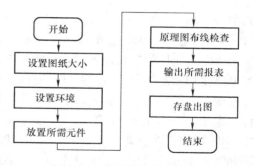

图 4-46　原理图绘制流程图

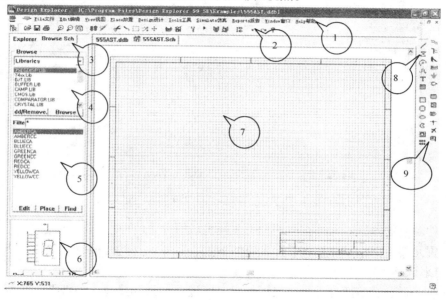

图 4-47　原理图编辑主界面

3）浏览原理图库属性页。这部分是绘制电路图的重点，之所以能方便地绘制电路图，就在于可以从这里选择别人或者自己事先设计好的元件库，例如图 4-48 中选择了 Sim. ddb，该元件库中包含了常用的各类元件，建议将此元件库载入并浏览几遍，了解各种电路符号的含义。Add/Remove 是元件库的载入/删除的控制按键，将弹出图 4-48 就是修改元件库界面，通过它选择不同的元件库。Browse 是浏览对应元件库中不同元件的按钮，用于提前查看各种电路符号的含义。

4）原理图子库。元器件设计者对元器件进行的分类，便于用户记忆和查找元器件。例如 74xx 系列、7 段数码管系列等。

5）子库中的元件名称。电路图中可供使用的具体元件。对于系统本身的元件库，读者一定不要使用该区域中的 Edit 按钮对其进行编辑修改，否则可能会导致很多意想不到的软件系统灾难。但如果是自己设计的元件库，可通过该按键对自己设计的元件修改得更完美。

其中，"Place"按钮是在电路图中放置元件必不可少的，读者应多实践。一般情况下，按"Place"按钮后，元件会附着在鼠标上，此时可通过"Tab"键修改元件参数，例如图4-49a所示为电阻元件的参数描述（其中重要的是 Footprint、Designator、Part 分别对应 PCB 封装、类型描述和元器件参数值，此部分的内容将在网络表和 PCB 图中出现）。此时，直接单击鼠标左键可放置元件。放置完成该元件后，元件将仍然附着在鼠标上，此时，可多次放置该元件，直至按鼠标右键取消选择，元件才消失。其他元件的选择和放置与此类似。其中，"Find"按钮是在已知元件名但不知道在哪个原理库时经常使用的方法之一，务必要多实践，例如图 4-49b 所示为 74175 芯片的查询情况。

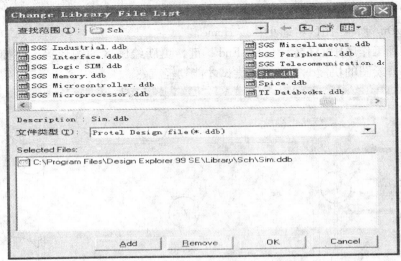

图 4-48　修改元件库界面

6）元件对应的图符。元件在电路图中实际出现的预览效果。

7）放置元器件工作区。具体设计电路的区域。需要说明的是放置元件时，可利用空格键进行旋转来调整元件的方位。

8）连线工具条。该部分工具栏仅用作对电路进行标记和描述，不涉及到任何电气参数部分，注意与连接工具栏中各符号的区别。

9）绘图工具条。该部分工具栏是连接电气接点的常用工具栏，包括连接导线，总线，接点，结点和电源线等，需要多实践。注意，电路间的导线必须使用该工具栏中的连导线按钮，绝不能用绘图工具条的划线按钮。

2. 设计过程与步骤

电路原理图设计是整个电路设计的第一步，同时也是电路设计的根基，由于以后的设计工作都是以此为基础，因此电路原理图设计的好坏直接影响到以后的工作。下面以图 4-46 的流程来讲解 Protel 99 SE 的设计过程。

1）设置图纸大小。进入 Protel 99 SE/Schematic 后，首先要构思好零件图，再设置图纸大小。图纸的大小要依据电路图的规模和复杂程度而定的，设置合适的图纸大小是设计好原理图的第一步。

2）设置 Protel 99 SE/Schematic 设计环境。设置 Protel 99 SE/Schematic 设计环境包括设

置网格点的大小、光标类型等。这些参数经过设置后，一旦能符合用户习惯，以后无需再做修改。其实，大多数参数都可以采用系统默认值。

以上两个步骤常被合在一起操作，即通过在图 4-47 中的放置元器件工作区按右键选择 Document Options...，将出现图 4-50 所示的文档参数界面。本设计由于电路较简单，只需按图 4-49 所示的内容进行设计即可。如果对其中的参数感兴趣，可通过适当修改其中的参数感受电路工作区的变化。

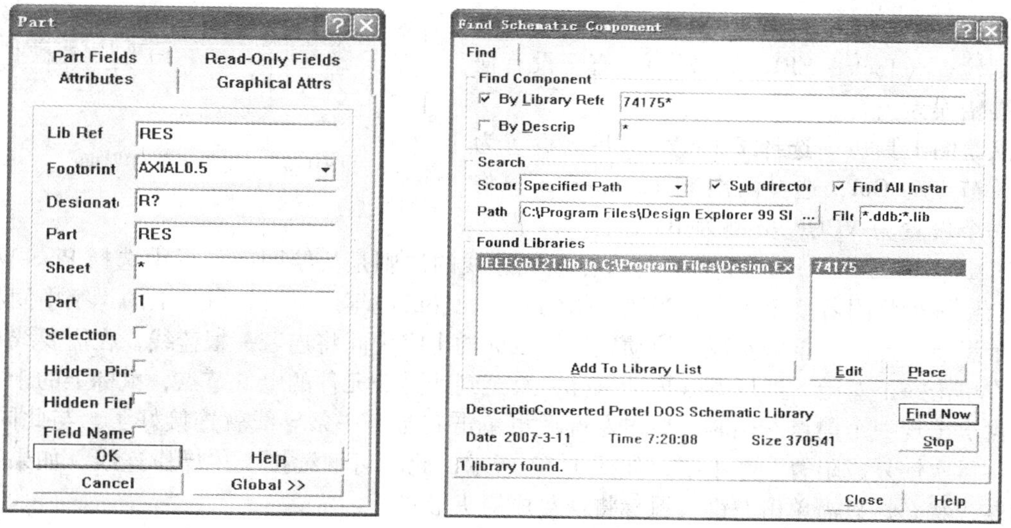

a)   b)

图 4-49　元件参数和元件查找界面

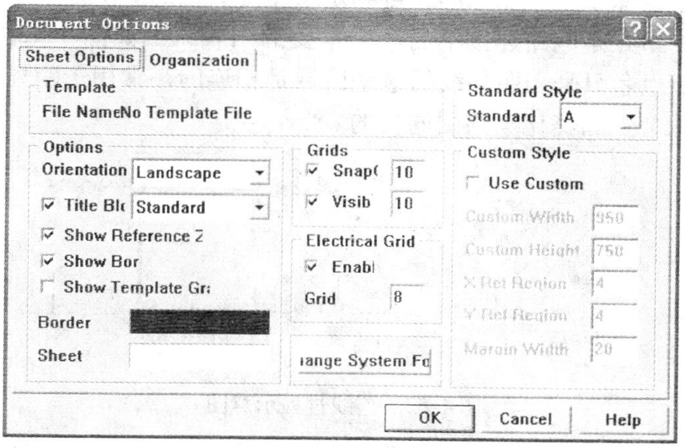

图 4-50　文档参数设置界面

3）放置所需元件。在这一阶段，用户需要依据电路图，将元件从元件库中取出并放置到图纸的指定位置，有时需要对放置元件的位置进行调整，然后对元件的参数、元件的封装形式等进行设定。

按照图 4-48 载入 Sim. ddb 元件库，分别从 TIMER. lib 库中选择 555 元件，从 Simulation Symbols. lib 库中分别选择 RES，CAP 放入原理图。注意元件的参数，可参考图 4-42 中的描述，例如 555 元件的 FOOTPRINT 为 DIP - 8，Designator 为 U1，Part 为 555，元件位置经调整后如图 4-51 所示。

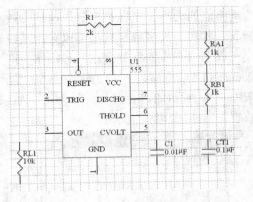

图 4-51　放置元器件界面

4）原理图布线检查。原理图布线就是利用 Protel 99 SE/Schematic 提供的连接导线工具，将图纸上的元件用具有电气意义的导线、符号连接起来，构成一个完整的原理图，然后对其进行电气规则检查（Tools→ERC... 操作），直至没有任何连接错误为止。

从绘图工具栏中选择 PlacePort，将其设置为输出，节点为 Out；选择两次 PlacePowerPort，将其中一个设置为 VCC，类型为 Bar，另一个设置为 GND，类型为 PowerGround。元件进行电气连线的法则是从绘图工具栏中选择 PlaceWire，此时，鼠标上将附着一个十字，当鼠标指到某个元件的电气节点时，鼠标上的十字中间将出现一个黑点。此时，单击左键后拖动鼠标，鼠标的十字中间将连着一根蓝线，在需要线拐弯的地方单击一下左键，然后继续拖动鼠标，直至到达另一元件的电气节点，鼠标上的十字中间将再次出现一个黑点。此时，单击左键后再单击右键，一条导线就连接好了。与此同时，鼠标将再次恢复成附着一个十字，如图 4-52 所示，此时可继续按上述操作连线。如果需要取消连线状态，只需单击右键，鼠标将恢复成箭头形式。

按照图 4-52 所示连接好各条导线。一般情况下，两根导线相交时会出现一个交叉黑点，请读者在连线时注意是否引入了多余的交叉点。如果有，单击对应的交叉点，按 Delete 键即可删除；如果不小心删除了不该删除的，可利用绘图工具栏的 PlaceJunction 加入对应的交叉黑点。导线上标注的节点是电路连接中的一个重要的内容，例如图 4-42 中有些导线上的节点名 RST。相同的节点名只是表明导线的这些区域是相连的，常用于距离远间的连线，可减少交叉线，标注特殊节点和美化电路图的目的。

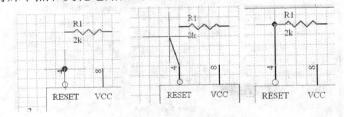

图 4-52　连线过程示意图

操作过程是从绘图工具栏中选择 PlaceNetLabel，光标变成十字并附着一个虚框，当光标指到某一电气节点时，光标上的十字中间将出现一个黑点，此时单击左键，十字光标的中间将出现一个大黑点，再单击右键，光标将恢复成箭头，原来的导线上将出现红色的电气节点名，如图 4-53 所示。必须注意，电路中的节点名必须唯一。因此，修改节点名的法则是先选中放置的节点，双击后直接键入所需英文符号进行修改。如果需要改变方位，可借助空格键来完成。

完成后的原理图如图 4-54 所示。顺便提一下，在这过程中还可以利用软件提供的标注

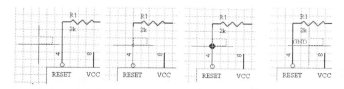

图 4-53　节点的放置过程示意图

（tools 工具栏 Annotate... 命令）工具对电路图元件中的 Designator 部分进行整体修改，可调出该对话框进行练习。

　　电路图的检查部分往往能帮助设计者解决一些较低级的错误，例如节点重名、节点悬空、元件重名、总线标注不正确等问题。这时可借助软件提供的电气规则检查（tools 工具栏 ERC... 命令）工具来完成。例如对于该电路，执行了电气规则检查后，将报告没有电气错误产生。

　　5）输出所需报表。一般情况下，输出

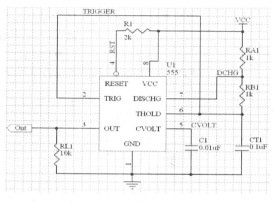

图 4-54　完成后的电路图

的报表主要有材料清单，是指实际的元件购买清单，有兴趣的读者可生成后进行浏览。

　　6）存盘出图。无论计算机多么可靠，都要养成将文件备份或变成纸质的习惯，这是存档所必须的。

4.3.4　网络表生成软件

1. 网络表

　　网络表是原理图与印制电路板之间的一座桥梁，是印制电路板自动布线的灵魂。它可以在原理图编辑器中由原理图文件生成，也可以在文本编辑器（Text Document）中手动编辑。利用原理图生成网络表，一方面可以用来进行印制电路板的自动布线，另一方面也可以用来与最后布好的印制电路板中导出的网络表进行比较、核对。

　　首先要说明的是，电路图实际上是由元件和连线网络（或称为节点）构成的。人可以识别图像，但计算机如果想看懂电路图，需要人赋予它一定的智慧。在该软件中，软件设计者赋予软件一定的算法，告诉软件，看到哪种描述表示是一个元件，哪种描述是一个节点。这样计算机就可以识别电路图了。这就是要生成网络表的原因所在。网络表主要由元件声明和节点网络两部分组成，扩展名为 .net，其中元件声明的格式为

[	元件声明开始
C1	元件标号 Designator
RAD − 0.2	元件封装形式 Footprint
0.01uF	元件注释文字 Part Type
]	元件声明结束

　　一对方括号表示该电路中包含的一个元件，元件至少由元件标号 Designator，元件封装形式 Footprint 和元件注释文字 Part Type 组成。每个元件均有一段类似的描述，电路图有多

少个元件，就有多少对方括号框住的描述，例如该电路此部分的描述见图 4-55 所示。从元件声明部分可以看出共有 7 个元件。希望读者能与电路图 4-54 对照一下，以获得更清晰的认识。

节点网络的格式

（	节点网络开始
CVOLT	节点网络名称（设置的节点网络标号）
C1－1	节点网络的连接点 1（元件 C1 的第 1 引脚）
U1－5	节点网络的连接点 2（元件 U1 的第 5 引脚）
）	节点网络结束

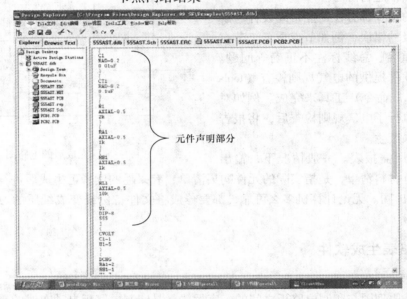

图 4-55　网络表中的元件声明部分

一对圆括号表示该电路中包含的一个节点网络，节点网络至少由节点网络号和至少一个节点网络的连接点组成。每一个节点网络均有一段类似的描述，电路图有多少个节点网络，就有多少段类似的描述，例如该电路此部分的描述如图 4-56 所示。

从节点网络部分可以看出共有 7 个节点网络。希望读者能与电路图 4-54 对照一下，以获得更清晰的认识。在这里要特别强调的是，读者在对照的过程中可能会发现在电路图中并没有 GND 的节点网络名显示，但该网络表中确有体现。实际上，GND 节点网络就是电路图中的接地标志。读者以后再看其他的一些电路时，还会发现很多芯片在电路图中显示时并没有电源 VCC 和接地 GND 的标志，但网络表中一定有体现。

2. 由原理图生成网络表

下面具体描述怎样由原理图生成网络表。执行菜单命令 Design→Create Netlist，启动网络表生成对话框，如图 4-57 所示。

在该对话框中进行如下设置：

1）Output Format 输出格式　Protel 99 SE 提供了 Protel、Protel2 等多达 40 种不同的格式，这里设置成 Protel 格式。

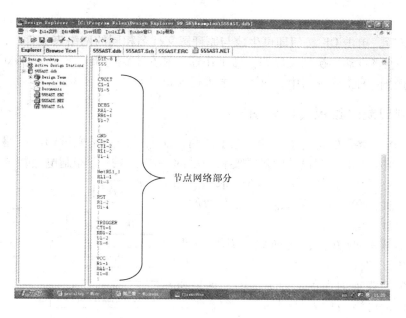

图 4-56　网络表中的网络节点部分

2）Net Identifier Scope 网络标识范围，此栏共有三种选项：

① Net Labels and Ports Global：网络标号及 I/O 端口在整个项目内的全部电路中都有效。

② Only Ports Global：只有 I/O 端口在整个项目内有效。

③ Sheet Symble/Port Connection：子电路图符号 I/O 端口相连接有效。本例为单张原理图，可以不考虑此项。

3）Sheets to Netlist 生成网络表的图纸，此栏共有 3 种选项：

① Active sheet：当前激活的图纸。

② Active project：当前激活的项目。

③ Active sheet plus sub sheets：当前激活的图纸及其下层子图纸。

这里设定为 Active sheet，即处于当前激活状态的图纸。

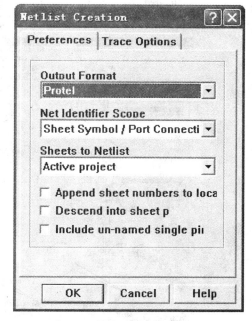

图 4-57　创建网络表时的参数选择

4）Append sheet numbers to local nets：将原理图编号附加到网络名称上，这里不选中该项。

5）Descend into sheet parts：细分到图纸部分，对于单张原理图没有实际意义，不选中该项。

6）Include un–named single pin nets：包括没有命名的单个引脚网络号，这里不选中该项。

设置完毕后，单击 OK 按钮即可生成与原理图文件名相同的网络表文件。工作窗口和设计管理器窗口也将自动切换到文件编辑器工作窗口和文本浏览器（Browse Text）。生成的网络表将显示于当前的工作窗口中，可以对之进行编辑。

4.3.5 绘制印制电路板（PCB 图）

电路设计的最终目的是为了设计出电子产品，而电子产品是通过印制电路板来实现的，因此，印制电路板是电路图设计中最重要和关键的一步。在进行印制电路板的设计过程中，一般也有一定的顺序要求，如图 4-58 所示。当然，随着对该软件的熟悉，顺序也是可以更改的。

1. PCB 设计环境

为了以后操作的方便，同样先来认识一下 Protel 99 SE/PCB 设计环境。需要说明的是，一般情况下，系统的背景为黑色。为了清晰，这里将背景改为白色，可能与读者见到的不一致，如图 4-59 所示。

1）主菜单条。显示当前设计方式下的菜单，一般包含文件、编辑、视图、放置、设计、工具、自动布线、报告、窗口和帮助几部分。

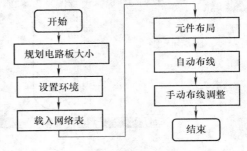

图 4-58 PCB 图绘制流程图

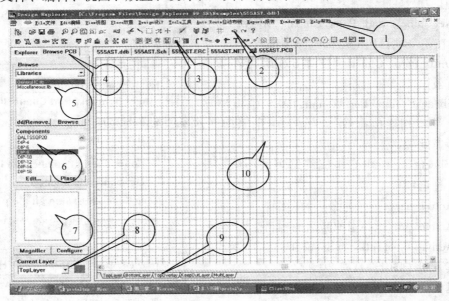

图 4-59 原理图编辑主界面

2）通用工具栏。显示常用的快捷操作，需要注意的是前面提到的一些键盘快捷键，在这里同样适用。例如：按 PgUp 键，绘图区将放大；按 PgDn 键，绘图区将缩小；按 Home 键，显示位置会移位到工作区中心位置；按 End 键，更新绘图区的图形，恢复正确的显示状态。

3）PCB 绘制工具条。基本涵盖了在绘制印制板的过程中所有的操作命令。

4）浏览封装库属性页。这部分是绘制 PCB 图的重点，之所以能绘制 PCB 图，就在于可以从这里选择别人或者自己事先做好的封装库，例如在图 4-59 中选择了 General IC. lib 和 Miscellaneous. lib，该元件库中包含了常用的各类元件封装，建议读者将此封装库载入并浏览几遍。关于封装库的载入/删除，浏览等与前面描述的元件库的使用方法一致。

5）封装库子库。具体的封装库，例如 General IC. lib。

6）子库中的封装名称。具体的在 PCB 图中可供使用的封装。对于系统本身的封装库，不要使用该区域中的 Edit 按钮对其进行编辑修改。如果是自己设计的封装库，可以尽量将封装修改得完美。其他的与前面原理图的使用基本一致，只需要留意它们的差异即可。

7）元件对应的封装预览。元件在 PCB 图中实际出现的封装预览情况。

8）当前工作图层显示。图层是什么？电路板实际上就是由多层聚脂纤维板压制而成的一种高强度含特定电路的复合板。大家知道，一块板有上下两个面，自然就可以在这两个面上铺设铜导线，再通过将上下两个面的铜导线贯通，将所需元件接入，特定的电路也就实现了。为了操作的方便，计算机将每一块板的一个面称为一个图层，自然将一块电路板分成了许多图层。同时为了软件管理的方便，又将图层进行了分类，即设定了它们之间的联系。每一层的铜线都可以单独编辑，与其他层的联系也能控制，这样就构成了绘制 PCB 图的基础。读者至少应该明白这几层的概念：机械层，可理解为电路板的实际形状和尺寸；禁布层，可理解为铜导线不能超过的布线区域，即禁止在区域外布线；顶层，一般指安装元件的一面；底层，一般指顶层的背面层。它们之间的联系可参考图 4-60 所示。

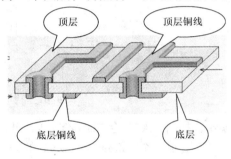

图 4-60　电路板图层表示图

在实际设计 PCB 图时一般是先制定禁布层，即限定了电路板的大小，然后导入元件，布局元件，最后是布线，生成所需电路板。

9）图层切换区。利用鼠标能很快地在各图层间切换，也可以通过加号或减号来切换。

10）绘图工作区。实际设计部分的操作在该工作区内实现。

2. PCB 绘制过程与步骤

下面按照一般步骤，详细描述印刷电路板的绘制过程：

（1）规划电路板大小

在绘制印制电路板之前，用户要对电路板做一个初步的规划，比如说电路板采用多大的物理尺寸，采用几层板，是单面板还是双面板，各元件采用何种封装形式及其安装位置等。这是一项极其重要的工作，用于确定电路板设计的框架。一般有两种方法，其一利用 PCB 板图向导，其二直接在禁布层中绘制边框线。

① 利用 PCB 图向导。选择 File 栏 New... 命令，在 New Document 中选择 Wizards，再双击 Printed Circuit Board Wizard，将弹出图 4-61a 的对话框。

其中在图 4-61b 需要选择电路板类型，在图 4-61c 中需要选择板的尺寸、形状等信息，在图 4-61e 中需要选择几层板，在图 4-61f 中需要选择过孔方式，在图 4-61g 中需要选择敷贴方式，在图 4-61h 中需要设定线宽等信息。可以多练习几次，以便找到其中的规律。

② 在禁布层中绘制边框线。这种方式较为简单，只须先在图层切换区选中 Keep Out

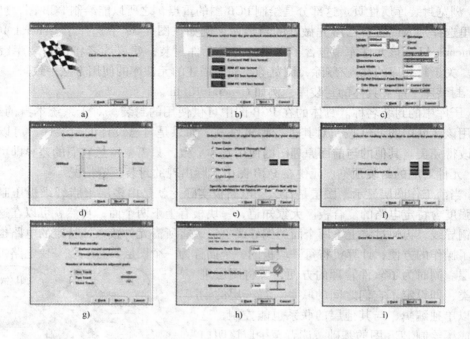

图 4-61　利用 PCB Wizard 生成 PCB 图的过程

Layer，执行菜单命令 Place/Track，此时光标会变成十字，就可以绘出边框线，例如在绘图工作区绘制一个 100mm×100mm 的矩形框，就设定了板的大小。其他操作与原理图的画法一致。软件一般会给出以英寸为单位的尺寸，如果对英寸不习惯，可利用在键盘上敲击按键 Q 来切换，绘制后将出现图 4-62 所示的图形。

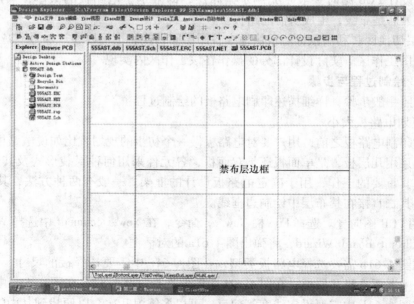

图 4-62　禁布层边框示意图

（2）设置环境

在该软件中，环境的设置对操作的帮助比较明显，特别是软件的许多交互功能将直接告诉设计者哪些是合理的，哪些是不合理的。具体启动方法是在绘图工作区按右键，从弹出菜单中选择 Options...，再选择 Board Options...，就可弹出如图 4-63 所示的设置环境界面。特别强调，按右键弹出菜单在本设计中用途极大，希望能将其中的每一个菜单都尝试一下，应该有意想不到的收获。

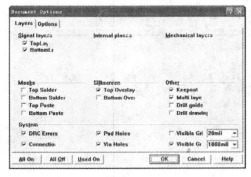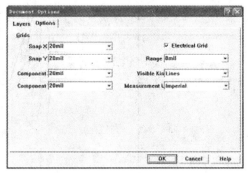

图 4-63　禁布层边框示意图

（3）载入网络表

前面提到过，网络表是原理图和 PCB 图的桥梁。设计者可通过主菜单 Design→Load Nets... 来载入网络表，选择弹出对话框中的 Browse，找到 555AST. NET，将出现图 4-64 的对话框。一旦有错误出现，分析清楚错误的类型，一般情况下，很容易就能解决。

常见的错误有：①封装错误或没有封装，解决方法是在封装库中找到对应正确的封装，重新或直接生成新的网络表再试；②封装正确，但对应的封装库没有载入，解决方法找到对应的封装库并载入，重新载入网络表再试；③元件的封装与封装库对应元件的封装有差异，解决方法按照封装库中的修改后，重新载入网络表再试；④其他情况，可咨询有经验的设计者。

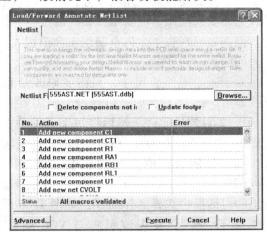

图 4-64　网络表载入示意图

在此过程中，一定要看到图 4-64 中的状态显示为 All macros validated，才表示一切正确，按 Execute 按钮，通过网络表文件将元件载入到 PCB 图中。一般情况下，元件将混叠在一起，元件与元件间有连线（这种线称为飞线，表示元件间有导线连接），往往分不清元件类型。此时，需要元件布局工具进行元件的布局调整。

（4）元件布局

布局是指为元件合理安排在电路板中的位置。一般采用先自动布局，再手动调整的方法。其中自动布局又有 Cluster 和 Statistical 两种方法。启动方法是选择主菜单的 Tools→Auto Placement→Auto Placer...。元件布局往往需要较长的时间，此时需要用户有足够的耐心等待。不论哪种方法，目的都是给每个元件安排一个合理的位置。图 4-65 是对设计的电路中的所有元件布局后的效果图。读者在使用的过程中可能得到的布局图与图 4-65 不同。这是正常现象，因为布局时的初始情况有差异。

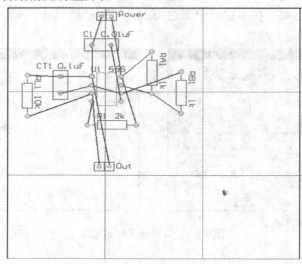

图 4-65　元件载入后的布局图

从图 4-65 可以看出，该电路板有两个较为明显的缺陷，其一是浪费严重，至少浪费了50% 以上，需要修改电路板尺寸；其二是该电路的电源部分和输出部分没有考虑外接，这将导致电路没法使用，需要增加相应的接口。按理来说，应该在原理图的设计时就考虑这些问题，但都做到现在了，再重新返工会浪费大量的时间，因此可以采用该软件提供的一些方法解决问题。

对于减小电路板尺寸，只需要修改禁布层的边框线即可。但对于增加接口问题，则需要先增加两个 SIP–2 封装的元件，然后将每个元件的引脚分别接到 VCC、GND 和 Out 节点即可。从封装区域选择SIP–2，分别放在电路板的顶端和底端，标注为Power 和 Out。选中 Power 中方形孔的引脚双击，在弹出的对话框中选择 Advanced，如图 4-66 所示。按图 4-66 设置，会发现该引脚与 VCC 间有了一条飞线。

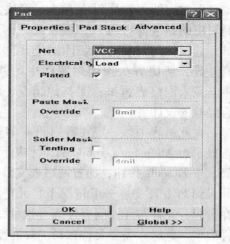

按同样的方法分别连接上 GND 和 Out，最后的布局如图 4-67 所示。

（5）自动布线

到目前为止，电路板可以布线了。如果要作为

图 4-66　利用引脚添加接口图

成品电路板，还有很多步骤需要做，现在直接运行主菜单 AutoRoute→All...，将弹出图4-68，一般不用改变，必须按 Route All 才是自动布线，按 OK 键不会执行自动布线功能。

如果电路板较小，一般很快就能完成电路板完全布通；如果较大，花费的时间也多，也可能布不通，此时就需要手动布线了。

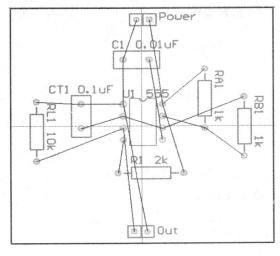

图 4-67　添加引脚接口后的电路图

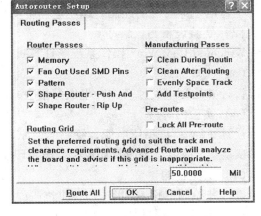

图 4-68　自动布线的设置部分

实际通过自动布线后的电路板如图 4-69 所示。

（6）手动布线调整

从图 4-69 中可以看出，的确有不合理的走线，通过一定的手动布线调整，最后的效果图如图 4-70 所示。

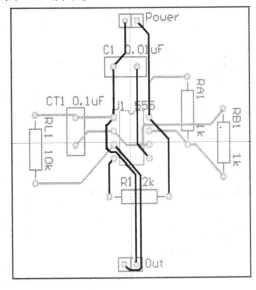

图 4-69　自动布线后的效果图

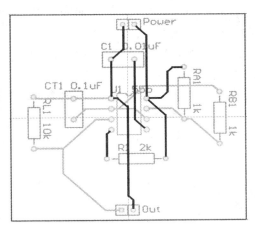

图 4-70　手动布线后的效果图

在这里需要说明的是，对电路板来说，布通是第一步，美观和满足各种电气要求是第二步。在以后的实践中只要注意积累，就会有意想不到的收获。

4.3.6 实验项目

实验 1 ±5V 直流稳压电源电气原理图绘制和印制电路板设计

（1）实验目的

学习电子电路图的绘制，印制电路板的设计。

（2）实验设备与仪器

WindowsXP 或 Win7 操作系统的计算机、Protel 99 SE 软件。

（3）实验原理

设计并绘制电路原理图，生成网络表，PCB 板布线。

（4）实验内容

设计 ±5V 直流稳压电源，绘制电气原理图并进行印制电路板设计。

实验 2 振荡、带通及功放组合电路印制电路板设计

（1）实验目的

设计并绘制电路原理图，生成网络表，PCB 板布线。

（2）实验设备与仪器

WindowsXP 或 Win7 操作系统的计算机、Protel 99 SE 软件。

（3）实验原理

设计并绘制电路原理图，生成网络表，PCB 板布线。

（4）实验内容

把本书第 2 部分 2.14 模拟电子技术综合性实验所用电路绘制在 Protel 99 SE 平台上，并进行印制电路板设计。

实验 3 数字电子秤设计

（1）实验目的

设计并绘制电路原理图，生成网络表，PCB 板布线。

（2）实验设备与仪器

WindowsXP 或 Win7 操作系统的计算机、Protel 99 SE 软件。

（3）实验原理

设计并绘制电路原理图，生成网络表，PCB 板布线。

（4）实验内容

设计一台家用数字电子秤，测量范围≤1kg。绘制电路原理图，进行印制电路板设计。

附录　部分常用电子元器件

电子元器件类别、名称、参数和功能、应用繁多，这里仅仅选取部分使用本书所用到的电子元器件，更多的元器件可以从专业手册中查到，现在有更加有利的条件是通过互联网可以很方便地查阅各种电子元器件的参数和应用，建议养成查阅的良好习惯，以便更好地使用它们。

1. 常用晶体管参数

1.1　JE 8050/8550 高频小功率晶体管

用　　途：在便携式收音机输出放大器中作乙类推挽放大用，JE8050（NPN）/JE8550（PNP）组成互补电路。

主要特点：① 耗散功率大，在 $T_C = 25℃$ 下，$P_{tot} = 2W$。

　　　　　② 电流动态范围大，$I_C > 1.5A$。

　　　　　③ 饱和压降低，$U_{CE(sat)} < 0.5V$。

外　　形：TO-92，外形示意图如附图 1a 所示。

JE8050/8550 高频小功率晶体管最大额定值如附表 1 所示。

附表 1　JE8050/8550 高频小功率晶体管最大额定值　　　　　（ $T_A = 25℃$ ）

型号	集电极-基极电压	集电极-发射极电压	发射极-基极电压	集电极电流	基极电流	耗散功率	国内型号
	U_{CBO}/V	U_{CEO}/V	U_{EBO}/V	I_C/mA	I_B/mA	P_{tot}/mW	
JE8050	40	25	6	1500	500	800	3DG8050
JE8550	−40	−25	6	1500	500	800	3CG8550

h_{FE} 分档	字标	A	B	C
	范围	80 ~ 160	120 ~ 200	160 ~ 300

1.2　JE90 × × 系列高频小功率晶体管

1. JE9012/JE9013 硅高频小功率晶体管

用　　途：在便携式收音机 1W 输出放大器中作乙类推挽放大用，JE9012（PNP 型）/
　　　　　JE9013（NPN）可组成互补电路。

主要特点：① 耗散功率大，$P_{tot} = 625mW$。

　　　　　② 电流动态范围大，$I_C > 500mA$。

　　　　　③ 饱和压降低，$U_{CE(sat)} < 0.6V$。

2. JE9014 硅 NPN 高频小功率晶体管

用　　途：在低电平和低噪声的前置放大器中作放大和振荡用，并与 JE9015（PNP 型）
　　　　　可组成互补电路。

主要特点：① 耗散功率大，$P_{tot} = 625mW$。

　　　　　② 特征频率高，$f_T > 150MHz$。

③ 饱和压降低，$U_{CE(sat)} < 0.3V$。

3. JE9015 硅 PNP 高频小功率晶体管

用　　途：在低电平和低噪声的前置放大器中作放大和振荡用，与 JE9014 可组成互补电路。

主要特点：① 耗散功率大，$P_{tot} = 625mW$。

② 特征频率高，$f_T > 150MHz$。

③ 电流放大系数线性好。

4. JE9016 硅 NPN 型高频小功率晶体管

用　　途：在 AM 变频器和 FM 低噪声射频放大器中作放大和振荡用。

主要特点：① 特征频率高，$f_T > 400MHz$。

② 高频噪声系数低，$f_T < 0.5dB$。

③ 饱和压降小，$U_{CE(sat)} < 0.3V$。

5. JE9018 硅 NPN 型高频小功率晶体管

用　　途：在 AM/FM 的中频放大器和 FM/UHF 调谐器的本机振荡器中作放大器和振荡用。

主要特点：① 特征频率高，$f_T > 1100MHz$（典型值）。

② 对电源电压和环境温度变化具有稳定的振荡和小的频率漂移。

JE90××系列高频小功率晶体管最大额定值如附表2所示。

附表2　JE90××系列高频小功率晶体管最大额定值　　　　（$T_A = 25℃$）

参数 型号	集电极- 基极电压	集电极- 发射极电压	发射极- 基极电压	集电极电流	基极电流	耗散功率	国内 型号
	U_{CBO}/V	U_{CEO}/V	U_{EBO}/V	I_C/mA	I_B/mA	P_{tot}/mW	
JE9011	50	30	5	30	10	400	3DG9011
JE9012	−40	−20	−5	500	100	625	3CG9012
JE9013	40	20	5	500	100	625	3DG9013
JE9014	50	45	5	100	100	450	3DG9014
JE9015	−50	−45	−5	100	100	450	3CG9015
JE9016	30	20	4	25	5	400	3DG9016
JE9018	30	15	5	50	10	400	3DG9018

JE90××系列高频小功率晶体管 h_{FE} 范围如附表3所示。

附表3　JE90××系列高频小功率晶体管 h_{FE} 范围　　　　（$T_A = 25℃$）

字标 型号	A	B	C	D	外形图
JE9011	60 ~ 150	100 ~ 300	200 ~ 600		图 B-1a)
JE9012	60 ~ 150	100 ~ 300	200 ~ 600		图 B-1a)
JE9013	60 ~ 150	100 ~ 300	200 ~ 600		图 B-1a)
JE9014	60 ~ 150	100 ~ 300	200 ~ 600	400 ~ 1000	图 B-1a)
JE9015	60 ~ 150	100 ~ 300	200 ~ 600		图 B-1a)

（续）

字标 型号	D	E	F	G	H	I	外形图
JE9016	28~45	39~60	54~80	72~108	97~146	132~198	图 B-1a)
JE9018	28~45	39~60	54~80	72~108	97~146	132~198	图 B-1a)

1.3 国外部分常用小功率晶体管

1. 2SC1815 硅 NPN 型高频小功率晶体管

用　　途：在电子设备中一般用于末级前置放大及音频放大。

主要特点：① 高电压，大电流：$U_{CEO} = 50V$，$I_C = 150$。

　　　　　② 极好的 h_{FE} 线性：$h_{FE}(0.1mA)/h_{FE}(0.2mA) = 0.95$（典型值）。

　　　　　③ 低噪声：$F = 1dB$（典型值）（在 $f = 1kHz$ 下）。

2. 2SC945 硅 NPN 型高频低噪声小功率晶体管

用　　途：主要用于电子设备中的音频放大、驱动及低速开关电路。

主要特点：① 高电压：$U_{CEO} = 50V$；低噪声：$F = 0.8dB$（典型值）。

　　　　　② 线性好，$h_{FE}(0.1mA)/h_{FE}(0.2mA) = 0.92$（典型值）。

2SC1815/945 高频小功率晶体管最大额定值如附表 4 所示。2SC1815/945 高频小功率晶体管 h_{FE} 范围如附表 5 所示。塑封晶体管外形图如附图 1 所示。

附表 4　2SC1815/945 高频小功率晶体管最大额定值　　（$T_A = 25℃$）

参数 型号	集电极-基极电压	集电极-发射极电压	发射极-基极电压	集电极电流	基极电流	耗散功率	国内型号
	U_{CBO}/V	U_{CEO}/V	U_{EBO}/V	I_C/mA	I_B/mA	P_{tot}/mW	
2SC1815	60	50	5	150	50	400	3DG1815
2SC945	60	50	5	100	20	250	3CG945

附表 5　2SC1815/945 高频小功率晶体管 h_{FE} 范围

（$T_A = 25℃$）

字标	R	Q	P	K	外形图
2SC945	90~180	135~270	200~400	300~600	图 B-1b)
字标	O	Y	GR	BL	
2SC1815	70~140	120~240	200~400	350~700	图 B-1b)

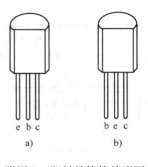

附图 1　塑封晶体管外形图

2. 常用晶闸管参数（见附表6）

附表6 KK/KP/KS 系列晶闸管额定参数

参数		通态平均电流	断态（反向）重复峰值电压	控制极触发电流	控制极触发电压	浪涌电流	通态平均电压	维持电流	断态电压临界上升率
符号		I_T/A	U_{DRM}/V	I_{GT}/mA	U_{GT}/V	I_{TSM}/A	U_T/V	I_H/mA	$\frac{du}{dt}/(V/\mu s)$
序号		1	2	3	4	5	6	7	8
KP-系列快速晶闸管的额定参数	KP1	1	100 ~ 3000	3 ~ 30	≤3.5	20	出厂上限值由各生产厂根据合格的型式实验自订	实测值	30
	KP5	5		5 ~ 70	≤3.5	90			30
	KP10	10		5 ~ 100	≤3.5	190			30
	KP20	20		5 ~ 100	≤3.5	380			30
	KP30	30		8 ~ 150	≤3.5	560			30
	KP50	50		8 ~ 150	≤3.5	940			30
KK-系列晶闸管的额定参数	KK1	1	100 ~ 2000	3 ~ 30	<2.5	20	上限值各厂由浪涌电流和结温的合格型式实验决定	实测值	≥100
	KK5	6		5 ~ 70	≤3.5	90			
	KK10	10		5 ~ 100	≤3.5	190			
	KK20	20		5 ~ 100	≤3.5	380			
	KK50	50		8 ~ 150	≤3.5	940			
KS-系列双向晶闸管的额定参数	KS1	1	100 ~ 2000	3 ~ 100	≤2	8.4	上限值各厂定取 U_{T1} 和 U_{T2} 绝对值之差不大于 0.5V 为合格	实测值	≥20
	KS10	10		5 ~ 100	≤3	84			
	KS20	20		5 ~ 200	≤3	170			
	KS50	50		8 ~ 200	≤4	420			

注：1. 额定结温 T_{JM}：风冷元件115℃；水冷元件100℃。额定温升 ΔT_{KM}：风冷元件75℃；水冷元件60℃。

2. 平板形元件限用 200A 和 200A 以上各系列。

3. 快速晶闸管外形和尺寸与普通晶闸管相同。

4. U_{T1}、U_{T2} 分别为两个方向的平均电压，取其差的绝对值 $|U_{T1} - U_{T2}| ≤ 0.5V$ 为合格。

3. 光耦合器参数及应用（见附表7）

附表7 光耦合器参数表

类型	器件型号	输出结构	峰值阻断电压（最小）/V	LED 最大触发电流 I_{FT}（$U_{AK}=50V$ 单或 $U_{YM}=3V$ 双）	过零禁止电压（最大）（在额定 I_{FT}）	最小冲击隔离电压/V	du/dt/（V/μs）	应用
单向晶体管型	4N39	单向晶闸管	200	30mA	—	7500	500（最小）	低功率 IC 到 AC 线的隔离，完成继电器功能，隔离DC电路、工业控制逻辑等
	MCS2	单向晶闸管	200	14mA（$U_{AK}=100V$）	—	7500		
	MOC3002	单向晶闸管	250	30mA			500	
	MOC3003		250	20mA	—	7500		
	MOC3007		200	40mA				
	MCS6200	单向晶闸管	400	20mA	—	3500	—	

（续）

类型	器件型号	输出结构	峰值阻断电压（最小）/V	LED 最大触发电流 I_{FT}（$U_{AK}=50V$ 单或 $U_{YM}=3V$ 双）	过零禁止电压（最大）（在额定 I_{FT}）	最小冲击隔离电压/V	$\mathrm{d}u/\mathrm{d}t$/（V/μs）	应用
双向晶体管型	MOC3009	双向晶闸管	250	30mA	—	7500	12	触发双向晶闸管 用于电动机控制、AC 电源控制、电源极性控制等
	MOC3010			15mA				
	MOC3011			10mA				
	MOC3012			5mA				
	MOC3020		400	30mA	—	7500	12	
	MOC3021			15mA				
	MOC3022			10mA				
	MOC3023			5mA				
过零双向晶闸管驱动型	MOC3030	双向晶闸管	250	30mA	25 V	7500	100	将逻辑电路直接与双向晶闸管接口。用于工业控制、电动机控制、AC 电源控制等
	MOC3031			15mA				
	MOC3032			10mA				
	MOC3033		400	30mA	40 V	7500	100	
	MOC3034			15mA				

4. 模拟集成电路

4.1 集成运算放大器

（1）μA741

μA741 是通用型集成运算放大器，内部具有频率补偿、输入、输出过载保护等功能，并允许有较高的输入共模电压和差模电压，电源电压适应范围较宽。μA741 的封装形式和排列如附图 2 所示，其电参数见附表 8。

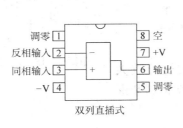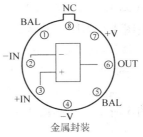

附图 2 μA741 通用运算放大器封装形式和排列

（2）LM324 低功耗四运算放大器

附表 8 μA741 集成运算放大器的电参数值 （$T_j = 25℃$）

参数名称	符号/单位	测试条件	典型值
输入失调电压	U_{IO}/mV	$R_s \leqslant 10\mathrm{k\Omega}$	1.0
输入失调电流	I_{IO}/nA		20
输入偏置电流	I_{IB}/nA		80
差模输入电阻	R_{id}/MΩ		2.0
输入电容	C_i/pF		1.4
输入失调电压调整范围	U_{IOR}/mV		±15

（续）

参数名称	符号/单位	测试条件	典型值
差模电压增益	A_{od}	$R_L \geq 2k\Omega$，$U_o \geq \pm 10V$	2×10^5
输出电阻	R_o/Ω		75
输出短路电流	I_{OS}/mA		25
电源电流	I_s/mA		1.7
功耗	P_C/mW		50
转换速率	$S_R/（V \cdot \mu s^{-1}）$	$R_L \geq 2k\Omega$	0.5

LM324 是由四个独立的高增益、内部频率补偿运算放大器组成，不但能在双电源下工作，也可在宽电压范围的单电源下工作，它具有输出电压振幅大、电源功耗小等特点（见附表9）。

附表9　LM324 集成运算放大器　　　　　　　　　　（$T_j = 25℃$）

参数名称	符号/单位	典型值	参数名称	符号/单位	典型值
输入失调电压	U_{IO}/mA	2	双电源电压范围	U_s/V	$\pm 1.5 \sim \pm 15$
输入失调电流	I_{IO}/nA	5	静态电流（单电源）	$I_Q/\mu A$	500
输入偏置电流	I_{IB}/nA	45	差模电压增益	A_{UD}	10^5
单电源电压范围	U_s/V	$3 \sim 30$			

（3）LM733 差动视频放大器

LM733 是差动输入和差动输出的宽带视频放大器。由于使用了内部串并联反馈，因此这种放大器频带宽、失真小，而且有高的增益稳定性，射极输出使它具有大电流驱动和低输出阻抗的特点。不需要频率补偿的带宽可达 120MHz。增益可在 10、100 和 400 中选择 LM324 和 LM733 外引线排列如附图3 和附图4 所示，其参数值见附表10。

（4）OP07 高精度运算放大器

OP07（LM714）是低输入失调电压型集成运算放大器，具有低噪声、温漂和时漂都小等特点。OP07 的封装形式和排列如附图5 所示，其参数值见附表10。

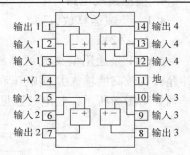

附图3　LM324 外引线排列图

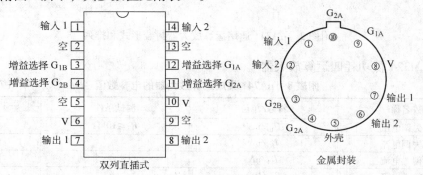

附图4　LM733 外引线排列图

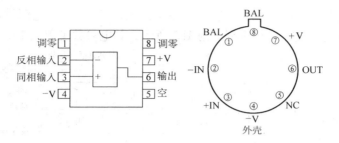

附图 5　OP07 高精度运算放大器的封装形式和排列

附表 10　OP07 集成运算放大器的电参数值　　　　　　　　　　$(T_j = 25℃)$

参数名称	符号/单位	典型值	参数名称	符号/单位	典型值
输入失调电压	$U_{IO}/\mu V$	10	静态电流	I_Q/mA	2.5
输入失调电压温度系数	$\Delta U_{IO}/\Delta T/(\mu V/℃)$	0.2	转换速率	$S_R/(V/\mu s)$	0.3
偏置电流	I_{IB}/nA	0.7	电源电压	U_s/V	±22

（5）LF411 低失调低温漂 JFET 输入运算放大器

LF411 是高速度的 JFET 输入运算放大器，它具有很小的输入失调电压和较小的输入失调电压的温度系数。匹配良好的高电压场效应晶体管输入，还有输入阻抗高、很小的输入偏置电流和输入失调电流。LF411 可用于高速积分器、快速 D－A 转换器、采样保持电路和其他许多要求低输入失调电压及漂移、低输入偏置电流、高输入阻抗、高转换速率和宽带宽频的应用场合。LF411 外引线排列如附图 6 所示，其参数值见附表 11。

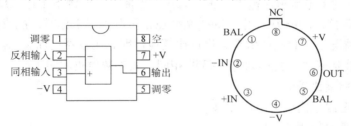

附图 6　LF411 外引线排列图

附表 11　LF411 JFET 输入运算放大器电参数值　　　　　　　　　　$(T_j = 25℃)$

参数名称	符号/单位	测试条件	典型值
输入失调电压	U_{IO}/mV	$R_s = 10k\Omega$	0.8
输入失调电压的平均温度系数	$U_{IO}/\Delta T/(\mu V/℃)$	$R_s = 10k\Omega$	7
输入失调电流	I_{IO}/pA	$U_s = ±15V$	25
输入偏置电流	I_B/pA	$U_s = ±15V$	50
输入电阻	R_i/Ω		10^{12}
输出电压摆幅	U_{opp}/V	$U_s = ±15V; R_L = 10k\Omega$	±13.5
最大差模输入电压	U_{IDmax}/V		±30
输入共模电压范围	U_{CM}/V		±14.5
电源电流	I_s/mA		1.8
转换速率	$S_R/(V/\mu s)$	$U_s = ±15V$	15
增益带宽乘积	GBW/MHz	$U_s = ±15V$	4

（6）LM358 低功耗双运算放大器

LM358 系列由两个独立的高增益、内部频率补偿运算放大器组成。内部有单位增益频率补偿电路，能在单、双电源工作，适合于数字系统的标准 +5V 电源供电。LM358 低功耗双运算放大器的封装形式和引脚排列如附图 7 所示，其电参数见附表 12。

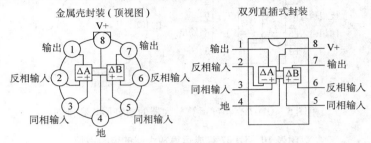

附图 7   LM358 低功耗双运算放大器的封装形式和引脚排列

附表 12   **LM358 低功耗双运算放大器电参数值**   （$T_A = 25℃$）

参数名称	符号/单位	典型值	参数名称	符号/单位	典型值
输入失调电压	U_{IO}/mV	±2	输入共模电压范围	U_{CM}/V	±14
输入偏置电流	I_{IB}/nA	45	输出短路电流	I_{OS}/mA	40
输入失调电流	U_{IO}/nA	±5	电源电流	I_Q/mA	1
单电源电压范围	U_s/V	3～30	双电源电压范围	U_s/V	±1.5～15

4.2   电压双比较器

（1）LM393 低功耗低失调电压双比较器

LM393 系列由两个独立的精密电压比较器组成，具有低失调电压的特点，最大值为 2mA，它们能在宽的单电源电压范围内正常工作，也能在双电源下工作。LM393 系列具有直接与 TTL 和 CMOS 接口的能力，当 LM393 系列在正负电源下工作时，能直接与 MOS 逻辑电路接口，在这种情况下，它们的低功耗优点比其他标准的比较器更加突出。

LM393 的封装形式和引脚排列与 LM358 相同。其参数值见附表 13。

特点：① 高精度比较器

② 在全温域内失调电压漂移很小

③ 不需要使用双电源

④ 宽的单电源电压范围 DC2～36V 或双电源电压范围 DC±1～±18V

⑤ 很低的电源电流（0.8mA），并不受电源电压的影响（$5V_C$ 时每组比较器约 1mW）

⑥ 低输入偏置电流 25nA

⑦ 低输入失调电流 ±5nA

⑧ 允许接受近地信号

⑨ 可与所有形式的逻辑相兼容

⑩ 功耗低，适合于电池工作

⑪ 失调电压最大值 ±3mV

⑫ 输入共模电压范围包括地

⑬ 差分输入电压范围包括地

⑭ 低的输出饱和电压 4mA 时为 250mV

⑮ 输出电压能与 TTL、DTL、ECL、MOS 和 CMOS 逻辑系统兼容

附表 13　LM393 低功耗低失调电压双比较器电参数值

$(V^+ = 5V,\ T_A = 25℃)$

参数名称	符号/单位	典型值	参数名称	符号/单位	典型值
输入失调电压	U_{IO}/mV	±1	输出吸入电流	I_{OS}/mA	16
输入偏置电流	I_{IB}/nA	25	电源电流	I_O/mA	0.4
输入失调电流	I_{IO}/nA	±5	单电源电压范围	U_S/V	3 ~ 36
输入差动电压	36V		双电源电压范围	U_S/V	±18 ~ ±1.5
输入共模电压范围	U_{CM}/V	$V^+ - 1.5$			

（2）LM339 低功耗低失调电压四比较器（见附表 14、附图 8 和附图 9）

LM339 系列由四组独立的精密电压比较器组成，具有低失调电压的特点。可在单、双电源电压或电池下工作。LM339 输出电压能与 TTL、DTL、ECL、MOS 和 CMOS 逻辑系统兼容。

附表 14　LM339 低功耗低失调电压四比较器电参数值

$(V^+ = 5V,\ T_A = 25℃)$

参数名称	符号/单位	典型值	参数名称	符号/单位	典型值
输入失调电压	U_{IO}/mV	±2	输入共模电压范围	V_{CM}/V	$V^+ - 2.0$
输入偏置电流	I_{IB}/nA	25	输出吸入电流	I_{OS}/mA	16
输入失调电流	I_{IO}/nA	±5	电源电流	I_Q/mA	0.8
单电源电压范围	U_S/V	3 ~ 36	双电源电压范围	U_S/V	±1.5 ~ ±18

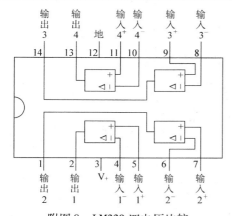

附图 8　LM339 四电压比较器的封装形式和排列（一）

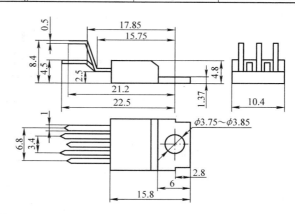

附图 9　LM339 四电压比较器的封装形式和排列（二）

4.3　集成功率放大器

功率放大器能提供上百毫瓦及至上百瓦的功率给负载。许多单片集成功率放大器不仅性能优良、功能齐全，而且都附有各种保护功能，外接元件少。在音响设备、自动控制设备中广泛应用。

（1）CD/TDA2002 音频功率放大器

CD2002 是音频放大电路，其输出功率较大（16V，2Ω，10W），内部设有保护电路、短路保护、热过载保护、电源极性接反保护、地线断开保护和负载放电反冲保护等。CD2002 外接元件少，封装体积小，适用于汽车收音机、录放机及音乐中心等设备作音频功率放大器。该电源采用 5 引线塑料单列直插式封装，接引出线的形状可分为 H 形和 V 形。CD/TDA2002 音频功率放大器如附表 15 所示。

附表 15   CD/TDA2002 音频功率放大器

电参数（ $V_{CC} = 14.4V$, $A_V = 40dB$, $f = 1kHz$, $T_A = 25℃$ ）

参数名称	符号/单位	测试条件	参数值
电源电压	V_{CC}/V		8 ~ 18
静态电流	I_{CC}/mA		45
输入阻抗	$R_i/kΩ$		150
输出功率	P_O/W	$U_{CC} = 16V$, $R_L = 4Ω$, THD = 10%	6.5
输入饱和电压	U_V/mV		600
全谐波失真	THD（%）	$R_L = 4Ω$, $P_O = 0.05 ~ 3.5W$	0.2
纹波抑制比	S_{rIP}/dB	$R_L = 4Ω$, $f_{rIP} = 100Hz$	35
开/闭环电压增益	A_{VF} , A_{VO}/dB	$R_L = 4Ω$	80/40
输出峰值电流	I_O/A	注：此为极限参数	4.5

推荐工作条件：（ $T_A = 25℃$ ）

电源电压 $V_{CC} = 8 ~ 18V$ ，负载 $R_L = 4Ω$ ，工作方式为单端或 BTL。

典型应用：

1）单端应用

2）低成本应用

3）BTL 应用

（2）TDA2030A

CD/TDA2002 应用电路如附图 10 所示。

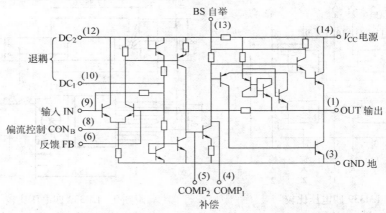

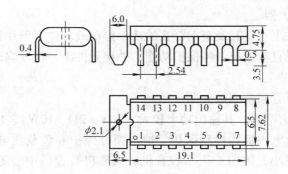

附图 10   CD/TDA2002 应用电路

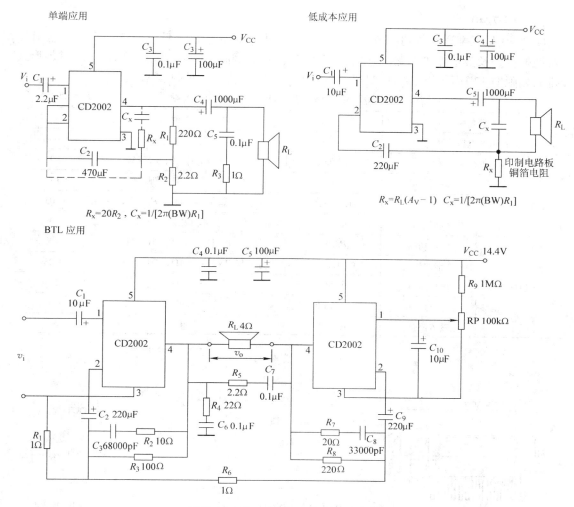

附图 10　CD/TDA2002 应用电路（续）

　　TDA2030A 集成功率放大器的电气性能稳定、可靠，内部具有过载保护和热切断保护电路，若输出过载或输出短路，均能起保护作用，不会损坏器件。TDA2030A 外形如附图 11 所示。TDA2030A 音频功率放大器的主要参数见附表 16。

附图 11　TDA2030A 外形图

附表 16　TDA2030A 音频功率放大器的主要参数　（$T_j = 25℃$）

参数名称	符号/单位	测试条件	参数值
电源电压	V_{CC}/V		$\pm 6 \sim \pm 18$
静态电流	I_{CC}/mA	$V_{CC} = \pm 18V$, $R_L = 4\Omega$	40
输出功率	P_o/W	$R_L = 4\Omega$, THD = 0.5%	14
		$R_L = 8\Omega$, THD = 0.5%	9
输入阻抗	R_i/MΩ	开环, $f = 1kHz$	5
谐波失真	THD(%)	$P_o = 0.1 \sim 12W$, $R_L = 4\Omega$	0.2
频率响应	BW/Hz	$P_o = 12W$, $R_L = 4\Omega$	$10 \sim 140$
电压增益	A_u/dB	$f = 1kHz$	30

（3） CD7240

CD7240 是双声道音频功率放大器，它具有高保真、高输出和低噪声等特点，内设有输出对地的保护及其他保护电路。它采用带散热片的塑料单列直插封装。CD7240 的封装形式和排列如附图 12 所示。CD7240 双通道音频放大器的主要参数见附表 17。

附表 17　CD7240 双通道音频功率放大器的主要参数　　　　　　　（$T_j = 25$℃）

参数名称		符号/单位	测试条件	参数值
电源电压		V_{CC}/V		9 ~ 18
静态电流		I_{CC}/mA	$V_{CC} = 13.2V$, $V_i = 0$, $R_L = 4\Omega$	80
BTL 连接	输出功率	P_O/W	$V_{CC} = 13.2V$, $R_L = 4\Omega$, THD = 10%	19
	谐波失真	THD（%）	$P_O = 4W$, $A_u = 40dB$, $R_L = 4\Omega$	0.03
	电压增益	A_u/dB	$f = 1kHz$	40
双声道连接	输出功率	P_O/W	$V_{CC} = 13.2V$, $V_i = 0$, $R_L = 4\Omega$	6.8
	全谐波失真	THD（%）	$V_{CC} = 13.2V$, $R_L = 4\Omega$, THD = 10%	0.06
	电压增益	A_u/dB	$f = 1kHz$	52
	通道分离度	CSR/dB	$V_O = 0dB$	-57
	输入阻抗	$R_i/k\Omega$	$f = 1kHz$	33

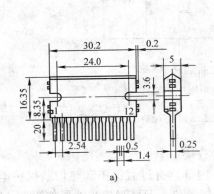
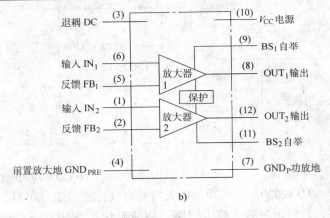

附图 12　CD7240 的封装形式和排列

（4） CD/TDA2822M

TDA2822M 是一种内含两组独立的音频功率放大器的单片集成电路，具有低压特性好（1.8V）、交越失真小、静电电流小等特点，外围元器件少，既可作立体声应用，又可接成 BTL 式线路。

TDA2822M 音频功率放大器的引脚排列如附图 13 所示，其参数值见附表 18，典型应用见附图 14。

4.4　三端集成稳压器

三端稳压器有固定输出电压和可调输出电压两种。可直接用于各种电子设备作电压稳压器。由于芯片内部设置了过电流保护、过热保护及调整管安全工作区保护电路。所以电路使用方便、安全可靠。外引线排列如附图 15、附图 16 所示，7800、7900 单列三端固定式集成稳压器的性能见附表 19 ~ 附表 23。

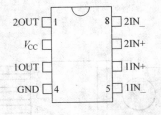

附图 13　TDA2822M 音频功率放大器的引脚排列

附表 18　TDA2822M 双声道（2×1W）音频功率放大器参数值

电参数（$V_{CC} = 6V$，$R_L = 8\Omega$，$f = 1kHz$，$T_A = 25℃$）

	参数名称	符号/单位	测试条件	参数值
立体声方式	电源电压	V_{CC}/V		1.8 ~ 15
	静态电流	I_{CC}/mA		≤9
	输入阻抗	$R_i/k\Omega$		≤100
	输出功率	R_O/mW	$V_{CC} = 9V$，$R_L = 4\Omega$，THD = 10%	
	通道分离度	Sep/dB		50
	谐波失真	THD（%）	$V_{CC} = 9V$，$P_O = 500mW$	0.3
	电源电压抑制比	dB		≥24
	闭环电压增益	A_{VC}/dB		40
BTL连接	输出功率	P_O/mW	$V_{CC} = 9V$，$R_L = 4\Omega$，THD = 10%	1000
	功率带宽	BW_p	$-3dB$，$P_O = 1W$	120kHz
	全谐波失真度	THD（%）	$P_O = 500mW$	0.2
	电源电压抑制比	K_{SVN}/dB		≥40
	输出失调电压	V_O/mV	两输出端间	≤50

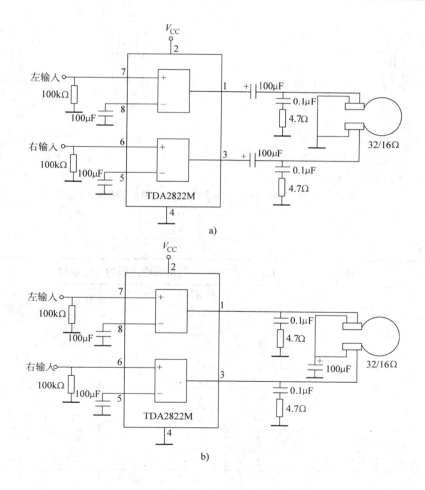

附图 14　TDA2822M 电路应用

a）立体声耳机应用电路①　b）立体声耳机应用电路②

附表 19　7800、7900 系列三端固定式集成稳压器的输出电压

器件型号	输出电压/V	器件型号	输出电压/V	器件型号	输出电压/V
7805	5	7818	18	7910	−10
7806	6	7820	20	7912	−12
7807	7	7824	24		
7808	8	7905	−5	7915	−15
7809	9	7906	−6		
7810	10	7907	−7	7918	−18
7812	12	7908	−8	7920	−20
7815	15	7909	−9	7924	−24

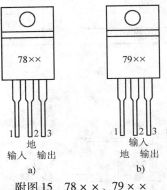

附图 15　78 × ×、79 × ×
稳压器外引线排列图
a）78 系列　b）79 系列

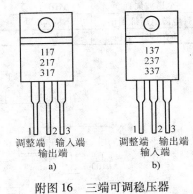

附图 16　三端可调稳压器
外引线排列图
a）三端正压可调　b）三端负压可调

附表 20　7800、7900 系列三端固定式集成稳压器的输出电流

器　件	7800 7900	78M00 79M00	78L00 79L00	78T00 79T00	78H00 79H00
输出电流/A	1.5	0.5	0.1	3	5

附表 21　LM7800C、LM7900C 系列集成稳压器的主要参数　　　　（$T_j = 25$℃）

型　号	输出电压 U_O/V	输入输出 电压差 $(U_I - U_O)$/V	电压调整率 $S_U(\Delta U_O)$ /mV	最大输入电压 U_{Imax}/V	最小输入电压 U_{Imin}/V	静态电流 I_B/mA	温度变化率 S_T /(mV/℃)	外形
LM7805	4.8 ~ 5.2	2.0	50	35	7.3	8	0.6	TO-3 TO-220
LM7812	11.5 ~ 12.5	2.0	120	35	14.6	8	1.5	
LM7815	14.4 ~ 15.6	2.0	150	35	17.7	8	1.2	
LM7905	−4.8 ~ −5.2	1.1	15	−35		1	0.4	TO-3 TO-220
LM7912	−11.5 ~ −12.5	1.1	5	−40		1.5	−0.8	
LM7915	−14.4 ~ −15.6	1.1	5	−40		1.5	−1.0	
测试条件	5mA ≤ I_O ≤ 1A	$I_O = 1.0$A $T_j = 25$℃	$I_O ≤ 1.0$A		$I_O ≤ 1.0$A 保证电压 调整率时			

附表 22 **LM117/217/317** **LM137/237/337** 三端输出可调集成稳压器的主要参数

型　号	最大输入输出电压之差	输出电压可调范围	电压调整率	电流调整率	调整端电流	最小负载电流	外　形
	$(U_{Imax}-U_O)/V$	U_O/V	$S_U(\Delta U_O)/mV$	$S_I(\Delta U_O)/mV$	$I_{ADJ}/\mu A$	I_{Omin}/mA	
LM117/217	40	$1.25\sim37$	0.01	0.3	100	3.5	
LM317	40	$1.25\sim37$	0.01	0.5	100	3.5	TO-3 TO-220
LM137/237	40	$-1.25\sim-37$	0.01	0.3	65	2.5	
LM337	40	$-1.25\sim-37$	0.01	0.3	65	2.5	
测试条件			$3V\leqslant\vert U_I-U_O\vert$ $\leqslant40V$	$10mA\leqslant I_O\leqslant I_{max}$ $U_O>5V$		$U_I-U_O=40V$	

附表 23 **LM117/217/317 三端正向可调集成稳压器的输出电流**

型　号	LM117L LM217L LM317L	LM317M	LM117 LM217 LM317
输出电流/A	0.1	0.5	1.5

5. 数字集成电路部分（见附表24）

附表 24 **部分 TTL 集成电路**

类　别	器　件　名　称	国产型号	国外型号(TEXAS)
逻辑门	六反相器	CT1004	SN5404/SN7404
	六反相器(OC)	CT1005	SN5405/SN7405
	双四输入与非门	CT1020	SN5420/SN74LS20
	三 3 输入与非门	CT1010	SN5410/SN7410
	四 2 输入与非门	CT1000	SN5400/SN7400
	8 输入与非门	CT1030	SN5430/SN7430
	四 2 输入与非门(OC)	CT1003	SN5403/SN7403
	四 2 输入与非门缓冲器(OC)	CT1038	SN5438/SN7438
	双 4 输入或非门	CT1025	SN5425/SN7425
	三 3 输入或非门	CT1027	SN5427/SN7427
	四 2 输入或非门	CT1002	SN5402/SN7402
	四 2 输入或非缓冲器(OC)	CT1033	SN5433/SN7433
	四 2 输入或门	CT1032	SN5432/SN7432
	双 4 输入与门	CT4021	SN54LS21/SN74LS21
	三 3 输入与门	CT4011	SN54LS11/SN74LS11
	四 2 输入与门	CT1008	SN5408/SN7408
	四 2 输入与门(OC)	CT1009	SN5409/SN7409
	四总线缓冲器(3S)	CT1125	SN54125/SN74125
	四 2 输入异或门	CT1086	SN5486/SN7486
	四 2 输入异或门(OC)	CT1136	SN54136/SN74136
	六反相器(有施密特触发器)	CT1014	SN5414/SN7414
	双 4 输入与非门(有施密特触发器)	CT1013	SN5413/SN7413
	四 2 输入与非门(有施密特触发器)	CT1132	SN54132/SN74132
	四总线缓冲器(3 态)	CT1125	SN54125/SN74LS125
	带三态输出的八缓冲器和线驱动器	CT1244	SN54244/SN74LS244

（续）

类 别	器 件 名 称	国产型号	国外型号（TEXAS）
触发器	与门输入上升沿 J-K 触发器（有预置、清除端）	CT1070	SN5470/SN7470
	双主从 J-K 触发器（有清除端）	CT1107	SN54107/SN74107
	与门输入主从 J-K 触发器（有预置、清除端）	CT1072	SN5472/SN7472
	双主从 J-K 触发器（有预置、清除端，有数据锁定）	CT1111	SN54111/SN74111
	与门输入主从 J-K 触发器（有预置、清除端，有数据锁定）	CT1110	SN54110/SN74110
	双上升沿 D 型触发器（有预置、清除端）	CT1074	SN5474/SN7474
	双 J-K 触发器（有预置、清除端）	CT1078	SN5478/SN74LS78
单稳态触发器	单稳态触发器（有施密特触发器）	CT1121	SN54121/SN74121
	可重触发单稳态触发器（有清除端）	CT1122	SN54122/SN74122
运算电路	4 位二进制超前进位全加器	CT1283	SN54283/SN74283
	4 位算术逻辑单元/函数发生器	CT1181	SN54181/SN74181
	4 位数值比较器	CT1085	SN5485/SN7485
	9 位奇偶产生器/校验器	CT1180	SN54180/SN74180
编码器	10 线-4 线优先编码器	CT1147	SN54147/SN74147
	8 线-3 线优先编码器	CT1148	SN54148/SN74148
译码器	4 线-16 线译码器	CT1154	SN54154/SN74154
	4 线-10 线译码器（BCD）	CT1042	SN5442/SN7442
	3 线-8 线译码器	CT1138	SN54138/SN74138
	双 2 线-4 线译码器	CT1155	SN54155/SN74155
	4 线-10 线译码器/驱动器	CT1145	SN54145/SN74145
	4 线七段译码器/高压输出驱动器	CT1247	SN54247/SN74247
	4 线七段译码器/驱动器	CT1048	SN5448/SN7448
	4 线七段译码器/驱动器	CT1049	SN5449/SN7449
数据选择器	16 选 1 数据选择器	CT1150	SN54150/SN74150
	8 选 1 数据选择器	CT1251	SN54251/SN74251
	8 选 1 数据选择器	CT1151	SN54151/SN74151
	8 选 1 数据选择器	CT1152	SN54152/SN74LS152
	双 4 选 1 数据选择器	CT1153	SN54153/SN74153
	四 2 选 1 数据选择器	CT1157	SN54157/SN74157
	4 位 2 选 1 数据选择器	CT1298	SN54298/SN74298
计数器	二-五-十计数器	CT1196	SN54196/SN74196
	二-五-十计数器	CT1290	SN54290/SN74290
	二-八-十六计数器	CT1197	SN54197/SN74197
	双 4 位二进制计数器	CT1393	SN54393/SN74393
	十进制同步计数器	CT1160	SN54160/SN74160
	4 位二进制同步计数器（异步清 0）	CT1161	SN54161/SN74161
	4 位二进制同步计数器（同步清 0）	CT1163	SN54163/SN74163
	8 位并行输出串行移位寄存器	CT1164	SN54164/SN74164
	同步十进制可逆计数器	CT1168	SN54168/SN74LS168
	4 位二进制同步加减计数器	CT1191	SN54191/SN74191
	十进制同步加/减计数器（双时钟）	CT1192	SN54192/SN74192
	十进制同步加/减计数器	CT1190	SN54190/SN74190

（续）

类　别	器　件　名　称	国产型号	国外型号（TEXAS）
寄存器	四上升沿 D 触发器	CT1175	SN54175／SN74175
	六上升沿 D 触发器	CT1174	SN54174／SN74174
	4 位 D 锁存器	CT4375	SN54LS375／SN74LS375
	双 4D 锁存器	CT1116	SN54116／SN74116
	8D 锁存器	CT1373	SN54373／SN74LS373
	4 位移位寄存器	CT1195	SN54195／SN74195
	8 位移位寄存器	CT1199	SN54199／SN74199
	4 位双向移位寄存器（并行存取）	CT1194	SN54194／SN74194
	8 位双向移位寄存器	CT1198	SN54198／SN74198
	4 位移位寄存器（并行存取）	CT1095	SN5495／SN7495
	8 位移位寄存器（串、并行输入、串行输出）	CT1166	SN54166／SN74166

部分 CMOS 集成电路如附表 25 所示。

附表 25　部分 CMOS 集成电路

类　别	器　件　名　称	国产型号	国外型号（MOTORLS）
逻辑门	六反相器	CC4069	MC14069
	双 4 输入与非门	CC4012	MC14012
	三 3 输入与非门	CC4023	MC14023
	四 2 输入与非门	CC4011	MC14011
	8 输入与非门	CC4068	MC14068
	双 4 输入或非门	CC4002	MC14002
	三 3 输入或非门	CC4025	MC14025
	四 2 输入或非门	CC4001	MC14001
	8 输入或非门	CC4078	MC14078
	双 4 输入或门	CC4072	MC14072
	三 3 输入或门	CC4075	MC14075
	四 2 输入或门	CC4071	MC14071
	双 4 输入与门	CC4082	MC14082
	三 3 输入与门	CC4073	MC14073
	四 2 输入与门	CC4081	MC14081
	双 2-2 输入与或非门	CC4085	CD4085
	六反相缓冲/变换器	CC4009	CD4009
	六同相缓冲/变换器	CC4010	CD4010
触发器	双主从 D 型触发器	CC4013	MC14013
	双 J-K 触发器	CC4027	MC14027
	3 输入端 J-K 触发器	CC4096	CD4096
	双单稳态触发器	CC14528	MC14528
	四 2 输入端施密特触发器	CC4093	MC14093
	六施密特触发器	CC40106	CD40106
运算电路	四异或门	CC4070	MC14070
	4 位超前进位全加器	CC4008	MC14008
	“N” BCD 加法器	CC14560	MC14560
译码器	4 位数值比较器	CC14585	MC14585
	BCD-7 段译码/大电流驱动器	CC14547	MC14547
	BCD-7 段译码/液晶驱动器	CC4055	CD4055

（续）

类　别	器　件　名　称	国产型号	国外型号（MOTORLS）
译码器	BCD-锁存/7 段译码/驱动器	CC4511	MC14511
	十进制加/减计数器/锁存/7 段译码/驱动器	CC40110	CD40110
	十进制计数/7 段译码器	CC4026	CD4026
	BCD 码-十进制译码器	CC4028	MC14028
	4 位锁存/4 线-16 线译码器（输出"1"）	CC4514	MC14514
	4 位锁存/4 线-16 线译码器（输出"0"）	CC4515	MC14515
	双二进制 4 选 1 译码器/分离器（输出"1"）	CC4555	MC14555
	双二进制 4 选 1 译码器/分离器（输出"0"）	CC4556	MC14556
双向开关、数据选择器	四双向模拟开关	CC4066	MC14066
	单八路模拟开关	CC4051	MC14051
	双四路模拟开关	CC4052	MC14052
	单十六路模拟开关	CC4067	CD4067
	双八路模拟开关	CC4097	CD4097
	四与或选择器	CC4019	CD4019
	八路数据选择器	CC4512	MC14512
	双四路数据选择器	CC14539	MC14539
计数器	7 位二进制串行计数器/分频器	CC4024	MC14024
	12 位二进制串行计数器/分频器	CC4040	MC14040
	14 位二进制串行计数器/分频器	CC4060	MC14060
	双 BCD 同步加计数器	CC4518	CD4518
	双 4 位二进制同步加计数器	CC4520	MC14520
	可预置 4 位二进制同步加/减计数器	CC4516	MC14516
	可预置 BCD 加/减计数器（双时钟）	CC40192	CD40192
	可预置 BCD 加/减计数器（单时钟）	CC4510	MC14510
	八进制计数/分配器	CC4022	MC14022
	十进制计数/分配器	CC4017	MC14017
	可预置 BCD 加计数器	CC40160	CD40160
	可预置 4 位二进制加计数器	CC40161	CD40161
寄存器	18 位串入-串出移位寄存器	CC4006	MC14006
	双 4 位串入-串出移位寄存器	CC4015	MC14015
	8 位串入/并入-串出移位寄存器	CC4014	MC14014
	4 位并入/串入-并出/串出移位寄存器（左移-右移）	CC40194	CD40194
	4 位并入/串入-并出/串出移位寄存器	CC4035	MC14035
	8 位通用总线寄存器	CC4034	MC14034
定时电路	单定时器	CC7555	ICL7555
	双定时器	CC7556	ICL7556
锁相环	锁相环	CC4046	MC14046
A－D 转换器	$3\frac{1}{2}$ 位双积分 A/D 转换器	CC7106	ICL7106
		CC7107	ICL7107
		CC7126	ICL7126

部分数字集成电路外引出端排列图（见附图 17 ~ 附图 65）

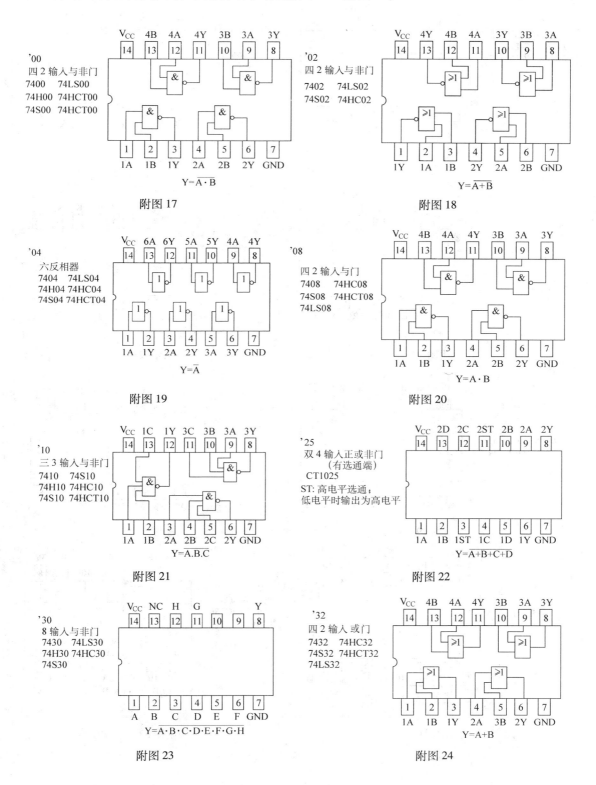

'00
四 2 输入与非门
7400　74LS00
74H00　74HCT00
74S00　74HCT00

$Y = \overline{A \cdot B}$

附图 17

'02
四 2 输入与非门
7402　74LS02
74S02　74HC02

$Y = \overline{A + B}$

附图 18

'04
六反相器
7404　74LS04
74H04　74HC04
74S04　74HCT04

$Y = \overline{A}$

附图 19

'08
四 2 输入与门
7408　74HC08
74S08　74HCT08
74LS08

$Y = A \cdot B$

附图 20

'10
三 3 输入与非门
7410　74S10
74H10　74HC10
74S10　74HCT10

$Y = \overline{A.B.C}$

附图 21

'25
双 4 输入正或非门
（有选通端）
CT1025
ST: 高电平选通；
低电平时输出为高电平

$Y = \overline{A + B + C + D}$

附图 22

'30
8 输入与非门
7430　74LS30
74H30　74HC30
74S30

$Y = \overline{A \cdot B \cdot C \cdot D \cdot E \cdot F \cdot G \cdot H}$

附图 23

'32
四 2 输入或门
7432　74HC32
74S32　74HCT32
74LS32

$Y = A + B$

附图 24

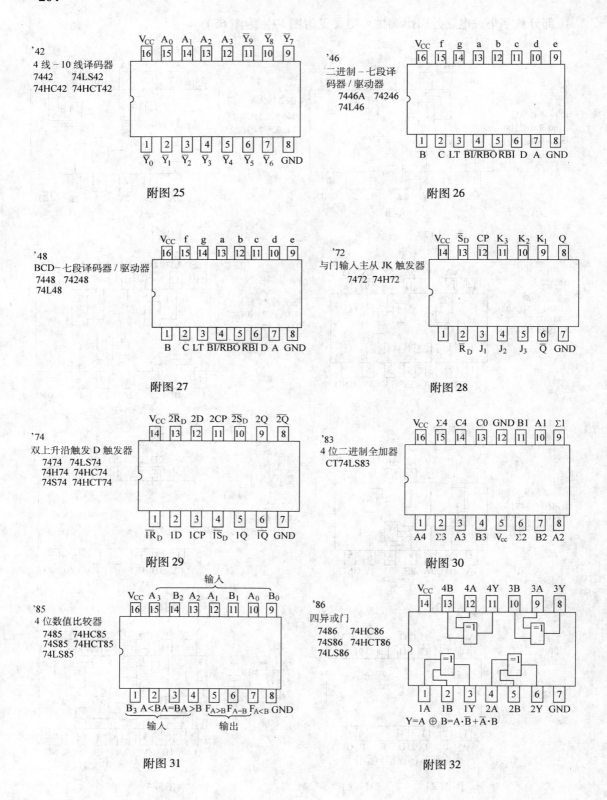

'42
4 线 – 10 线译码器
7442   74LS42
74HC42 74HCT42

附图 25

'46
二进制 – 七段译
码器 / 驱动器
  7446A   74246
  74L46

附图 26

'48
BCD – 七段译码器 / 驱动器
7448   74248
74L48

附图 27

'72
与门输入主从 JK 触发器
7472 74H72

附图 28

'74
双上升沿触发 D 触发器
7474   74LS74
74H74   74HC74
74S74   74HCT74

附图 29

'83
4 位二进制全加器
CT74LS83

附图 30

'85
4 位数值比较器
7485   74HC85
74S85 74HCT85
74LS85

附图 31

'86
四异或门
7486   74HC86
74S86 74HCT86
74LS86

$Y = A \oplus B = A \cdot \overline{B} + \overline{A} \cdot B$

附图 32

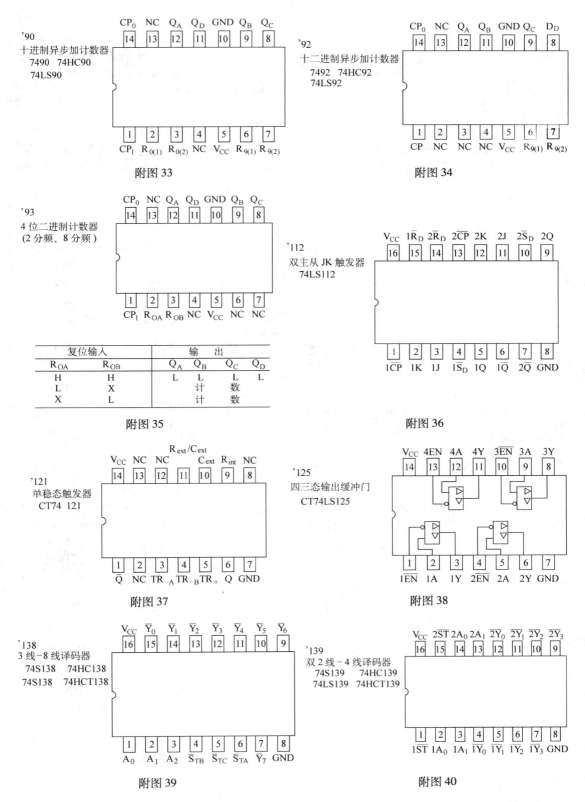

'90
十进制异步加计数器
7490 74HC90
74LS90

附图 33

'92
十二进制异步加计数器
7492 74HC92
74LS92

附图 34

'93
4 位二进制计数器
（2 分频、8 分频）

复位输入		输　出			
R_{OA}	R_{OB}	Q_A	Q_B	Q_C	Q_D
H	H	L	L	L	L
L	X	计	数		
X	L	计	数		

附图 35

'112
双主从 JK 触发器
74LS112

附图 36

'121
单稳态触发器
CT74 121

附图 37

'125
四三态输出缓冲门
CT74LS125

附图 38

'138
3 线 - 8 线译码器
74S138　74HC138
74S138　74HCT138

附图 39

'139
双 2 线 - 4 线译码器
74S139　74HC139
74LS139　74HCT139

附图 40

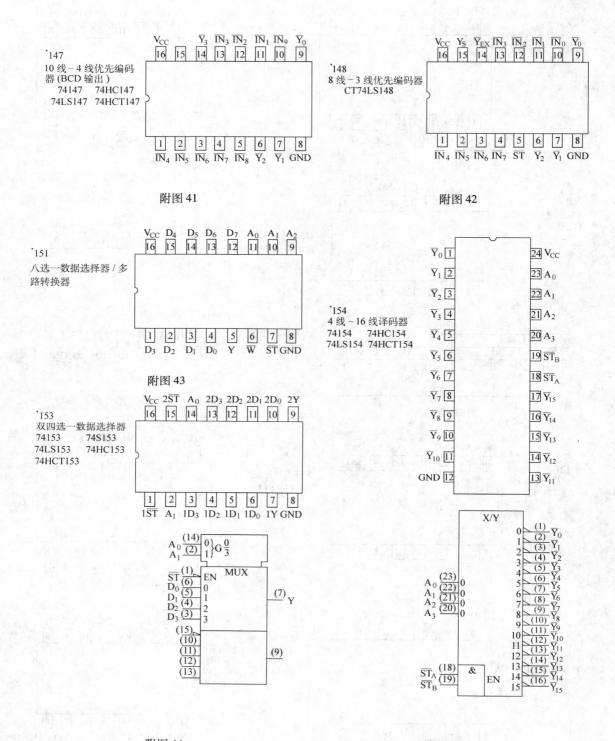

'147
10 线－4 线优先编码器 (BCD 输出)
74147   74HC147
74LS147 74HCT147

附图 41

'148
8 线－3 线优先编码器
CT74LS148

附图 42

'151
八选一数据选择器 / 多路转换器

附图 43

'153
双四选一数据选择器
74153   74S153
74LS153   74HC153
74HCT153

'154
4 线－16 线译码器
74154   74HC154
74LS154 74HCT154

附图 44

附图 45

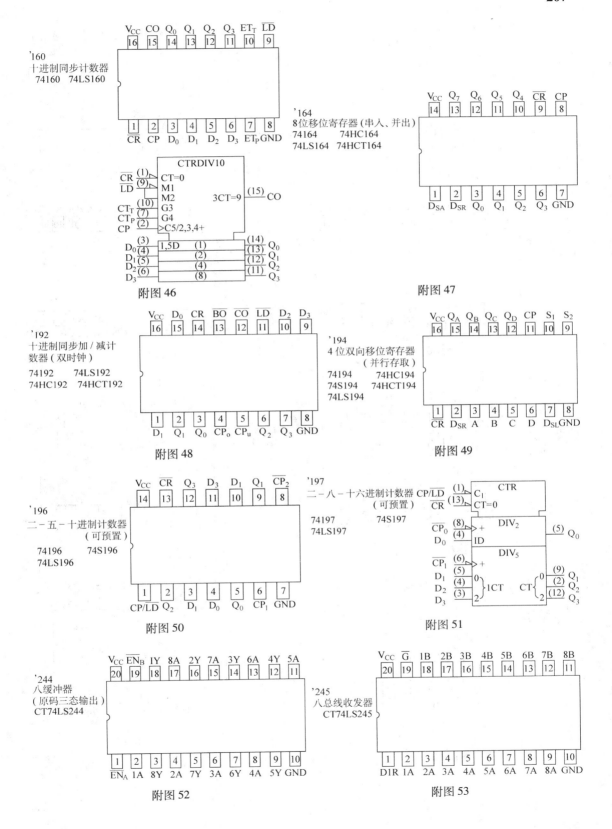

'160
十进制同步计数器
74160　74LS160

'164
8位移位寄存器（串入、并出）
74164　　74HC164
74LS164　74HCT164

附图 46

附图 47

'192
十进制同步加 / 减计
数器（双时钟）

74192　　74LS192
74HC192　74HCT192

'194
4 位双向移位寄存器
（并行存取）

74194　　74HC194
74S194　74HCT194
74LS194

附图 48

附图 49

'196
二 - 五 - 十进制计数器
（可预置）

74196　　74S196
74LS196

'197
二 - 八 - 十六进制计数器
（可预置）

74197　　74S197
74LS197

附图 50

附图 51

'244
八缓冲器
（原码三态输出）
CT74LS244

'245
八总线收发器
CT74LS245

附图 52

附图 53

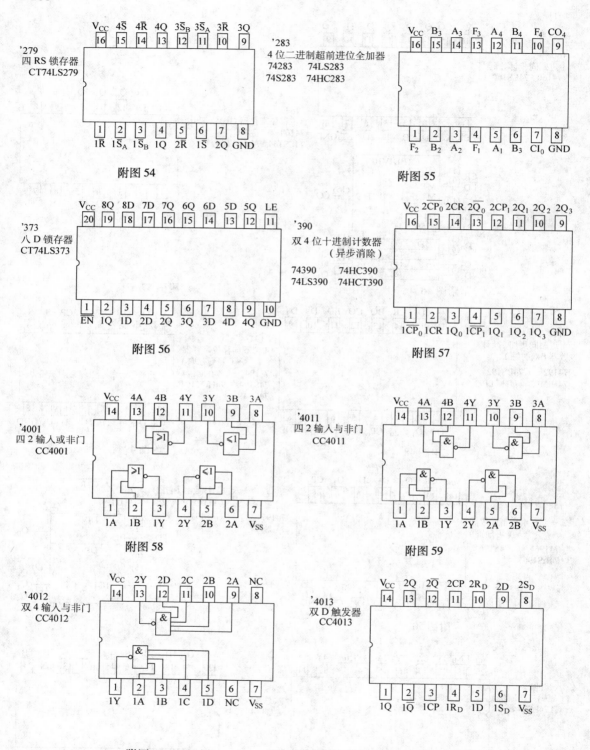

'279
四 RS 锁存器
CT74LS279

附图 54

'283
4 位二进制超前进位全加器
74283   74LS283
74S283   74HC283

附图 55

'373
八 D 锁存器
CT74LS373

附图 56

'390
双 4 位十进制计数器
（异步消除）
74390   74HC390
74LS390   74HCT390

附图 57

'4001
四 2 输入或非门
CC4001

附图 58

'4011
四 2 输入与非门
CC4011

附图 59

'4012
双 4 输入与非门
CC4012

附图 60

'4013
双 D 触发器
CC4013

附图 61

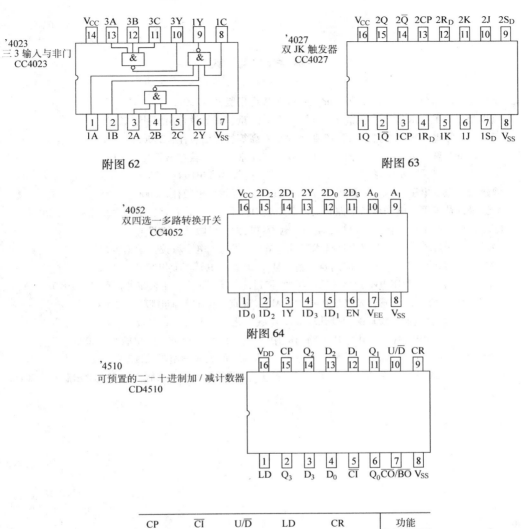

'4023
三 3 输入与非门
CC4023

附图 62

'4027
双 JK 触发器
CC4027

附图 63

'4052
双四选一多路转换开关
CC4052

附图 64

'4510
可预置的二－十进制加／减计数器
CD4510

CP	$\overline{CI}$	$U/\overline{D}$	LD	CR	功能
×	×	×	1	0	预置数
×	×	×	×	1	清零
×	1	×	0	0	保持
↑	0	1	0	0	加计数
↑	0	0	0	0	减计数

附图 65

参 考 文 献

[1]　胡翔骏. 电路分析［M］. 2 版. 北京：高等教育出版社，2007.

[2]　康华光. 电子技术基础数字部分［M］. 6 版. 北京：高等教育出版社，2015.

[3]　阎石. 数字电子技术基础［M］. 5 版. 北京：高等教育出版社，2006.

[4]　唐介，刘蕴红. 电工学：少学时［M］. 4 版. 北京：高等教育出版社，2014.

[5]　秦曾煌，姜三勇. 电工学：［M］. 7 版. 北京：高等教育出版社，2009.

[6]　曾建唐. 电工电子技术简明教程［M］. 北京：高等教育出版社，2009.

[7]　吴红星，黄玉平. 电动机新型控制集成电路应用技术［M］. 北京：中国电力出版社，2014.

[8]　陈坤，等. 电子设计技术［M］. 成都：电子科技大学出版社，1997.

[9]　钟洪声，崔红玲. 电子电路设计技术基础［M］. 成都：电子科技大学出版社，2012.

[10]　陈永甫. 新编555集成电路应用800例［M］. 北京：电子工业出版社，2001.

[11]　沈任元，吴勇. 常用电子元器件简明手册［M］. 2 版. 北京：机械工业出版社，2010.

[12]　孙宝元，杨宝清. 传感器及其应用技术［M］. 北京：机械工业出版社，2004.

[13]　毕满清. 电子技术实验与课程设计［M］. 4 版. 北京：机械工业出版社，2013.

[14]　谭建成. 新编电机控制专用集成电路与应用［M］. 北京：机械工业出版社，2005.

[15]　李银华. 电子线路设计指导［M］. 北京：北京航空航天大学出版社，2005.

[16]　李华，等. MCS - 51 系列单片机实用接口技术［M］. 北京：北京航空航天大学出版社，2011.